管材无模成形技术

夏鸿雁　著

东北大学出版社
·沈　阳·

图书在版编目（CIP）数据

管材无模成形技术 / 夏鸿雁著. —沈阳：东北大学出版社，2014.7（2024.8重印）

ISBN 978-7-5517-0645-2

Ⅰ. ①管…　Ⅱ. ①夏…　Ⅲ. ①管材拉制

Ⅳ. ①TG356.5

中国版本图书馆 CIP 数据核字（2014）第 142309 号

出 版 者：东北大学出版社

地址：沈阳市和平区文化路 3 号巷 11 号

邮编：110004

电话：024—83680267（社务部）　83687331（市场部）

传真：024—83680265（总编室）　83687332（出版部）

网址：http：//www.neupress.com

E-mail：neuph@neupress.com

印 刷 者：三河市天润建兴印务有限公司

发 行 者：东北大学出版社

幅面尺寸：145mm×210mm

印　　张：6.125

字　　数：171 千字

出版时间：2014 年 8 月第 1 版

印刷时间：2024 年 8 月第 3 次印刷

责任编辑：郎　坤　向　荣　　　责任校对：文　韬

责任出版：唐敏志　　　封面设计：刘江旸

ISBN 978-7-5517-0645-2　　　定　价：36.00 元

前　言

随着工业生产的发展，人们对纵向变断面管件的需求越来越多，变断面管件广泛应用于城市建设、通讯、汽车、化工以及机械制造等工业领域。如热电偶不锈钢套管、特殊用途不锈钢空心连接轴、汽车用直拉管、路灯电柱等。对于列举的异型管件采用传统的塑性加工方法很难实现，因为轴向断面形状的变化，厚管的加工是比较困难的，从工艺和成本考虑，不得不以机械加工实心棒料方法进行生产，而对于变断面的细长薄壁管，采用机械加工的方法无法实现。

管材无模成形是一种新型的金属成形方法，与传统的成形工艺相比，由于不受模具限制，该方法特别适用于常规挤压、拉拔方法难以成形的高强度、高摩擦、低塑性类的管材；同时，完成形变热处理，提高产品的综合性能；生产工艺大大简化，生产效率提高，生产成本下降，材料消耗减小；无模拉伸设备通用性强、容易实现自动控制；可加工各种金属材料的锥形管、阶梯管、波形管、任意变断面异型管材，使轴向变断面管材成形难的问题得到解决。

无模成形研究在国外有近 40 年历史，特别是近 20 年来，随着小轿车 FF（前发动机、前轮驱动）化的流行，人们对相应零部件的设计和生产提出了新的更高的要求，为此无模拉伸新技术受到许多企业重视。我国无模成形研究起步于 20 世纪 80 年代。为了开展无模成形研究，1987 年在东北大学轧制技术及连轧自动化国家重点实验室建立了我国唯一的无模成形研究基地，由东北大学栾瑰馥教授主持开展了这项工作的研究，开发设计制造了无模成形试验机，在无模成形实验研究和基础理论研究方面做了大量的工作。

本书共分 11 章，分别介绍了管材无模成形基本特征及应用前景、管材无模成形系统、管材无模拉伸速度控制模型、无模拉伸速度计算机控制系统、锥形方管无模成形、异型断面锥形电柱无模拉伸、管材无模弯曲、管材无模弯曲扁平化及影响因素、管材无模拉伸变形及拉伸力的理论解析、棒材无模拉伸温度场及管材无模拉伸温度场，其中包含了管材无模成形工艺和理论研究的最新发展，可供材料成形研究和生产人员参考。

本书是作者多年来在管材无模成形方面的研究积累，由于作者水平有限，难免有遗漏、错误之处，敬请各方面专家及广大读者不吝指出。

本书的研究工作得到了栾瑰馥教授多方面的帮助和支持，在此表示衷心的感谢。

作　者

2014 年 3 月

目　　录

第1章　管材无模成形基本特征及应用前景

1.1　管材无模成形工艺基本特征

管材无模成形不用模具，是一种新型的金属塑性成形方法。与传统的成形工艺相比，工艺及设备简单，可用一道工序代替传统生产工艺中的全部成形工序，全线计算机协调控制，通过输入参数的变化，改变计算机控制速度模型，实现锥形管、波形管和任意轴向变断面管件的加工，同时，完成形变热处理，提高产品的综合性能。该方法特别适用于常规加工方法难以成形的高强度、高摩擦、低塑性任意轴向变断面管件，可以解决轴向变断面管件难加工的问题。

无模拉伸工艺的基本形式有两种，图1.1所示为连续式无模拉伸工艺，图1.2所示为非连续式无模拉伸工艺。在非连续式无模拉伸过程中，金属棒材或管材的一端固定，采用感应加热线圈将材料局部加热到高温，然后以一定的速度 v_1 拉伸棒材或管材的另一端，而感应加热线圈和冷却喷嘴（简称冷热源）则以一定的移动速度 v_2 向相同或相反的方向移动，只要给定拉伸速度与冷热源移动速度的比值，就可以获得所需的产品零件，所获得的棒材或管材的断面减缩率由速度的比值确定。由于此方法无摩擦且属于金属热加工的一种形式，故即使材料的可加工性低，也可以获得较大的断面减缩率。

在无模拉伸过程中，对材料施加轴向拉伸载荷的同时进行局部加热。当温度升高时，材料局部的变形抗力下降而产生局部变形，出现颈缩。如果将加热源沿整根材料轴向逐渐移动，并将已变形部分迅速冷却，则材料局部变形会沿着整根材料轴向逐渐移动，即颈缩连续扩散，从而得到预期的产品。

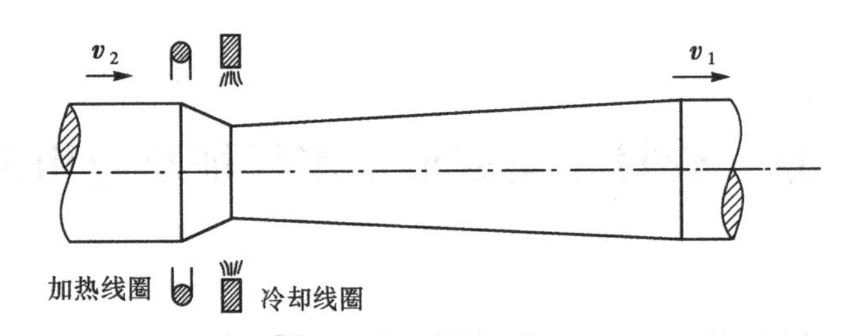

图 1.1　连续式无模拉伸工艺

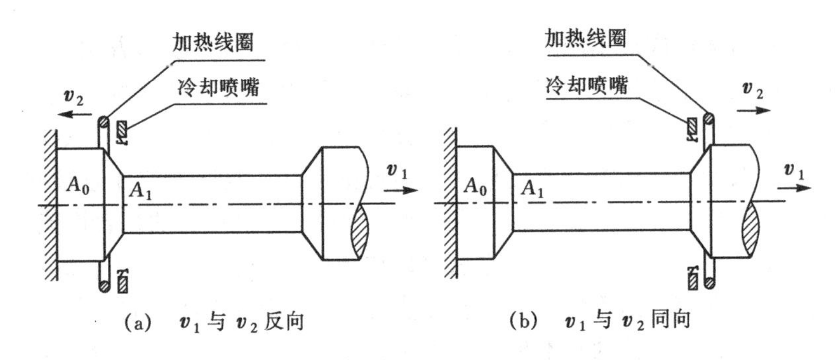

(a)　v_1 与 v_2 反向　　(b)　v_1 与 v_2 同向

图 1.2　非连续式无模拉伸工艺

无模拉伸的基本原理是不使用模具，仅靠金属变形抗力随温度变化的性质实现塑性变形过程，产品的形状及精度通过改变及精确控制速度来实现。通过对金属的快速加热、快速冷却与加载、加工速度的配合，不需要昂贵的模具，加工长尺轴向变断面棒材和管件。它属于特殊的塑性变形理论系统，是塑性加工研究的前沿。

无模拉伸工艺的变形判据是断面减缩率，而断面减缩率只与拉伸速度和冷热源移动速度的比值有关。由于连续式无模拉伸与非连续式无模拉伸断面减缩率的计算方法是相似的，所以在此只对非连续式无模拉伸进行分析研究。

变断面棒材或管材无模拉伸的变形机制，就是在无模拉伸过程中的每一瞬间都满足体积不变定律，非连续式无模拉伸［见图 1.2(a)］中，拉伸速度与冷热源移动速度方向相反，根据体积不变条

件，有

$$A_0 v_2 = A_1 (v_1 + v_2)$$

断面减缩率为

$$R_s = \frac{A_0 - A_1}{A_0} = \frac{v_1}{v_1 + v_2} \tag{1-1}$$

如图 1.2(b) 所示，拉伸速度与冷热源移动速度同向变化，根据体积不变条件，有

$$A_0 (v_2 - v_1) = A_1 v_1$$

断面减缩率为

$$R_s = \frac{A_0 - A_1}{A_0} = \frac{v_1}{v_2} \tag{1-2}$$

式中：A_0，A_1——材料变形前、后断面面积；

v_1，v_2——拉伸速度、冷热源移动速度。

由式(1-1)和式(1-2)可见，无模拉伸断面减缩率只与拉伸速度和冷热源移动速度的比值有关，只要给定断面减缩率，则拉伸速度与冷热源移动速度之比值就一定。无模拉伸时，控制拉伸速度与冷热源移动速度到给定的比值，就可获得所需的拉伸变形程度。

在变形过程中，如果使拉伸速度与冷热源移动速度的比值按照一定规律发生连续变化，就可以获得任意轴向变断面零件。如锥形棒或锥形管的非连续式无模拉伸工艺，如图 1.3 所示。

由图 1.3(a) 可知，拉伸速度与冷热源速度反向，在 x 处断面减缩率

$$R_s = \frac{A_0 - A_1}{A_0} = 1 - \frac{D_1^2}{D_0^2} = 1 - \frac{(D_0 - 2x\tan\alpha)^2}{D_0^2} = \frac{v_1}{v_2 + v_1} \tag{1-3}$$

式中：D_0，D_1——材料变形前、后断面直径；

A_0，A_1——材料变形前、后断面面积；

α——锥半角。

显然，断面减缩率 R_s 是位置 x 的函数，因而冷热源速度与拉伸速度之比值(v_1/v_2)也是 x 的函数。

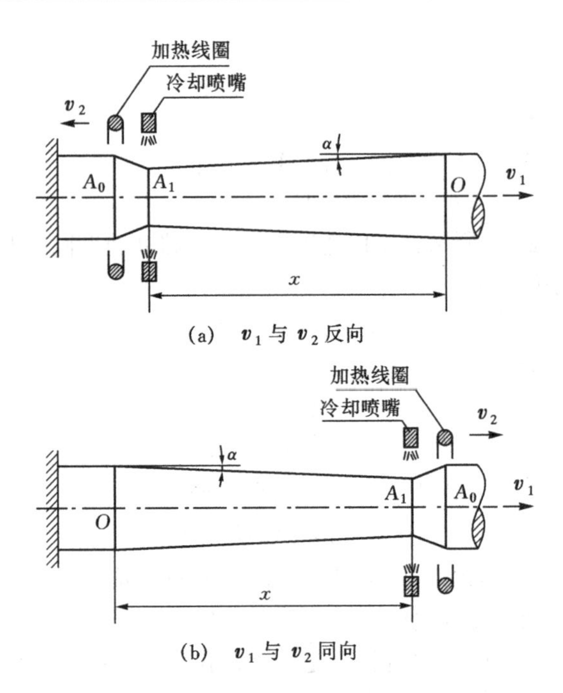

图 1.3 锥形件无模拉伸工艺

由图 1.3(b)可知，拉伸速度与冷热源速度同向，在 x 处断面减缩率

$$R_s=\frac{A_0-A_1}{A_0}=1-\frac{D_1^2}{D_0^2}=1-\frac{(D_0-2x\tan\alpha)^2}{D_0^2}=\frac{v_1}{v_2} \tag{1-4}$$

采用这种加工方法还可以加工阶梯件、波形件和任意变断面棒或管件。

具体的无模拉伸可以采用不同的加热方法、冷却方法和加热区域移动形式，在拉伸设备上进行，如图 1.4 所示。

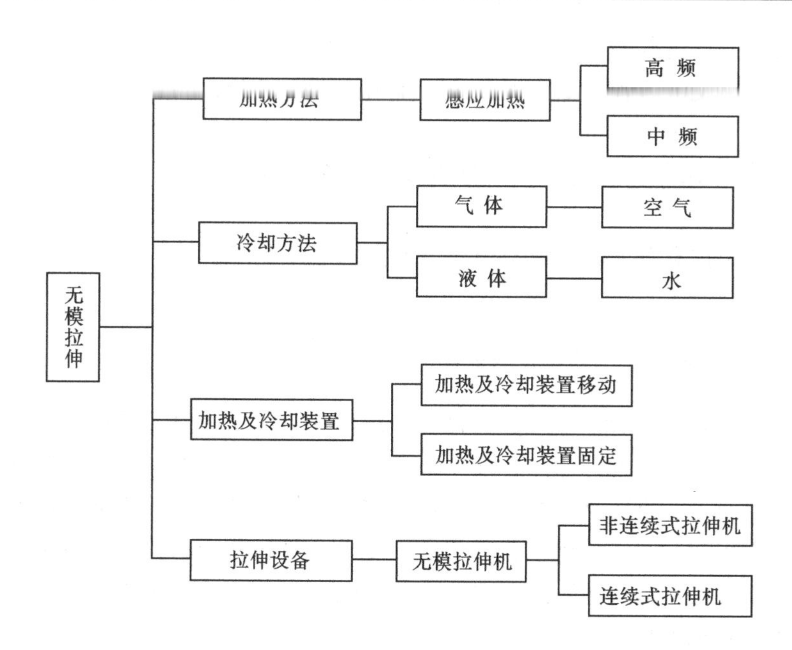

图 1.4　无模拉伸方法及设备

管材的无模弯曲是在无模拉伸基础上发展起来的，把无模拉伸工艺局部加热成形的方法用于管材的弯曲加工。无模弯曲是对管材进行局部加热与快速冷却使局部弯曲成形，是管材弯曲的理想加工方法，特别是对于高强度、高摩擦、低塑性类的材料，用有模弯曲很困难，用无模弯曲则轻而易举；对于异型断面管材，则不需要弯曲模具和芯棒，很容易进行弯曲。由于不受模具设计和制造的限制，对于难加工的各种异型断面管材，可采用无模弯曲加工方法。

无模成形的基本特征如下：

① 不采用模具，通过改变工艺控制参数获得预期的变形；

② 稳定变形条件及极限断面减缩率取决于温度差；

③ 工艺控制参数：拉伸速度 v_1、冷热源移动速度 v_2 及其比值 v_1/v_2；

④ 材料变形过程是在其局部区域内发生的，并且通过局部区域

材料变形过程的稳定扩展，使材料整体都得到变形；

⑤变形过程可以实现形变热处理，改善产品综合性能。

1.2 管材无模成形应用领域及优势

根据有关文献介绍及预测，无模成形将在以下几个方面得到发展和应用。

1.2.1 高强度耐热钨合金丝材

1909 年，用钨粉试制延展性金属丝获得成功，象征着难熔金属制作高温材料的开始。目前，钨已成为电子、原子能、航天等领域不可缺少的重要材料之一。钨具有熔点高等多种有益的性能，在电真空工业中被广泛用于各种灯丝以及电子管材料中。目前，对钨丝的需要已从电灯照明工业领域扩展到电子工业领域，所以对钨丝的质量要求更高。

传统钨丝的生产工艺是将经过旋锻的钨合金棒料再经过拉拔工艺加工成各种规格的钨丝，即拉丝工艺，拉丝过程原理见图 1.5 (a)。

圆断面棒材和丝材的拉拔加工具有以下特点：断面受力和变形均匀对称；存在拉应力状态；由于旋锻的钨合金棒材塑性差，因此断面减缩率小，如钨合金丝材从大直径拉拔成直径为 0.1mm 时，需要经过 35 道次拉拔；在拉拔过程中，拉丝模承受较大的摩擦力、压力和拉力；拉丝模一般采用硬质合金或金刚石模，成本较高；由于摩擦的存在，在拉拔过程中加剧应力和变形不均匀分布，使金属的变形抗力增加，降低模具的使用寿命及产品的表面质量；拉拔时提高温度可以使加工硬化过程减弱，金属变形抗力降低，拉拔力减小，但由于温度的提高也可能降低润滑剂的润滑性能，使摩擦力增加，变形力增大，因此拉拔时金属的最佳变形温度较难确定。

采用超声波振动拉模拉拔钨丝时可使拉拔力降低 50%，同时还

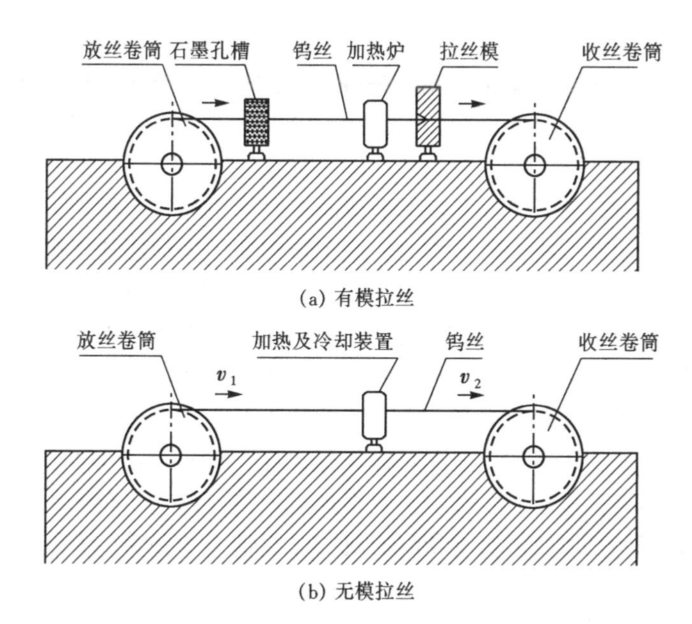

图1.5　拉丝过程原理示意图

可以减少和消除断丝现象，而且随着钨丝直径的减小，超声波效应加强，因此应用超声波拉细丝不易产生断丝现象。此外，还可提高断面减缩率，减少拉拔道次以及提高丝材精度等。但是，采用超声波振动拉模仍然需采用模具以及润滑剂，而且超声波装置价格昂贵。

如果采用无模拉伸方法，就可以克服以上缺点，而且装置简单[如图1.5(b)所示]，另外，在拉伸过程中还能对钨丝进行某些热处理。无模拉伸时采用电磁感应加热方法，采用水冷却或空气冷却。

1.2.2　非线性弹簧

随着工业生产发展，对纵向断面形状非均匀线材的需求越来越多，锥形线材就是其中的一例，用这样的锥形线材可以优化设计并达到节省材料和减轻构件质量的目的。在汽车工业中就需要这种锥形线材。由于中小型客车前置前驱(FF驱动)与前置后驱(FR驱动)

相比具有很多优点，如不需驱动轴、乘坐空间增大、实现轻型化、减少燃料消耗以及操作性能提高等，因此中小型客车 FF 化驱动在世界上已经取得了飞速发展。目前，国内外中小型客车基本实现了前轮前驱化。

一方面，为了使汽车在不平地面接触平稳和重心稳定，希望支承弹簧刚性低一些；另一方面，汽车转弯时因为向心加速度大，则支承弹簧刚性高比较稳定。采用线性支承弹簧不能满足这种要求，而采用非线性支承弹簧则可以使这一矛盾得到解决。另外，对于 FF 驱动的中小型客车，前后轮负担载荷有很大差别，前轮负荷集中、质量大，后轮负荷随乘客人数、载荷质量的变化而变化。线性弹簧具有一定的特征参数，因此对操作稳定性、重心稳定性两方面都带来不良影响，采用非线性支承弹簧就可以消除这些不良影响。这种支承弹簧就是用锥形簧丝卷制而成的非线性支承弹簧。非线性支承弹簧广泛应用于 FF 驱动的中小型客车，因为它控制平衡与悬浮的载荷范围比线性支承弹簧大得多。非线性支承弹簧在工作时，当载荷增加，支承弹簧细径部分开始压缩，同时，变形抗力呈非线性增加，FF 驱动车后轮力矩问题得到解决。目前，由于这种非线性支承弹簧制造成本高，普通中、低档车没有采用非线性支承弹簧，国外仅有少数高级豪华轿车使用了非线性支承弹簧。但如果这种非线性支承弹簧生产成本能够降低，那么，普通中、低档车也可以采用非线性支承弹簧以提高汽车的稳定性能。

1.2.3 变断面管件无模拉伸

目前，汽车后窥视镜支杆为实心棒材经机械加工而成，如图 1.6(a)所示。若采用无模加工，其主要部分可用管件代替，如图 1.6(b)所示，从而可大量减少材料消耗，提高生产效率。

小型汽车转向器零件见图 1.7(a)，其中锥形部分的加工目前采用锻造生产，生产效率低、噪声大、生产环境恶劣，如果采用无模拉伸工艺加工[见图 1.7(b)]，那么一次可同时加工两个零件，不

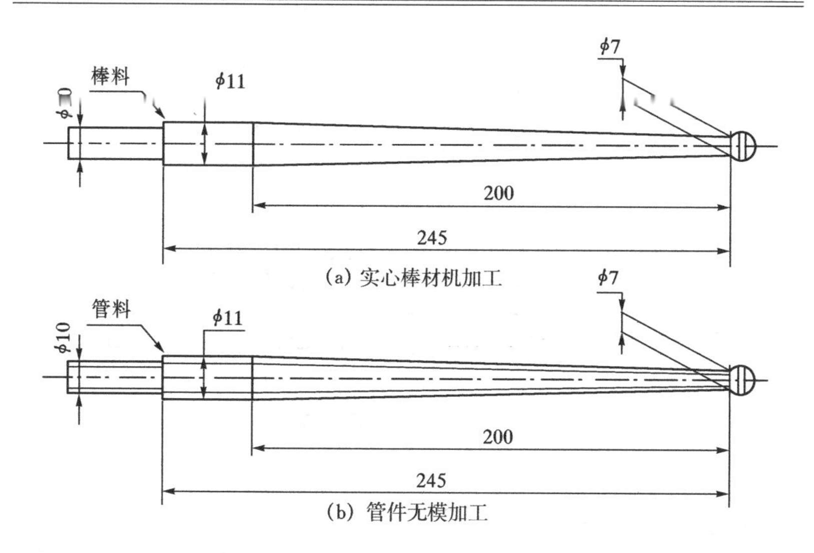

图1.6　汽车后窥视镜支杆(单位：mm)

但使生产效率提高，而且还可改善工人的工作环境。图1.8为采用无模拉伸方法加工的热电偶不锈钢套管。

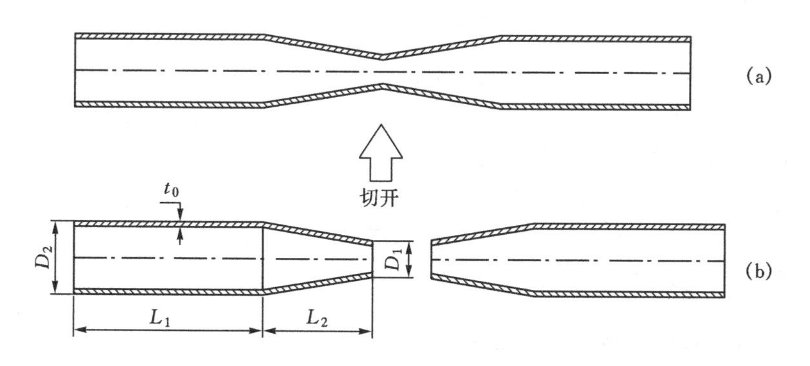

图1.7　无模拉伸生产汽车转向器零件

方断面锥形电柱如图1.9所示，国际上通用的生产工艺是将钢板卷剪成锥形管的展开形状，然后在折弯机上折弯成要求的横断面

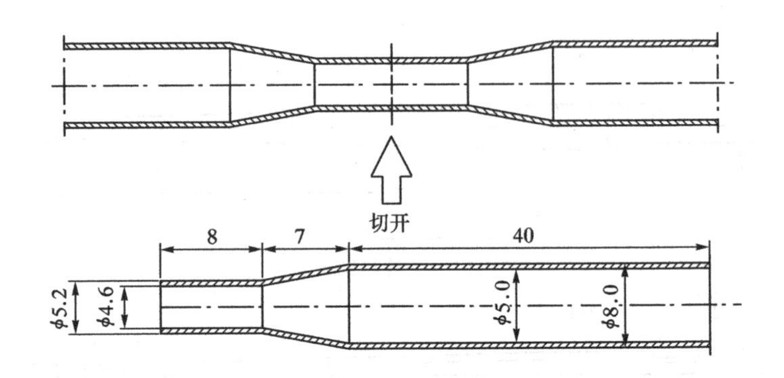

图 1.8　热电偶不锈钢套管

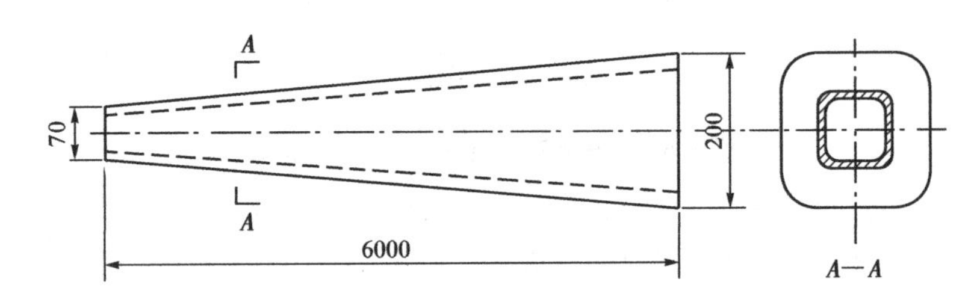

图 1.9　锥形电柱

形状，再进行直缝焊接成锥形电柱，因此生产成品尺寸精度差，焊口质量不佳，成品率低，工艺过程复杂，设备庞大，难于实现自动化，产品成本高。如果用无模拉伸取代现行工艺生产锥形电柱，可用一道工序代替国际上通用的各种锥形管材生产工艺中的全部成形工序，将无缝钢管直接拉伸成锥形管，同时完成形变热处理，产品质量高，设备简单。

1.2.4　异型断面管材无模弯曲

弯曲管材时，为了防止断面形状被破坏和皱折的产生，通常采用弯曲模具和芯棒的加工方法，但是，对于断面形状不是圆形的异型断面管材来说，制造弯曲模具和芯棒等工具非常困难。无模弯曲是管材弯曲的理想加工方法，对于异型断面管材，由于不需要弯曲模具和芯棒，很容易进行弯曲。

1.3　管材无模成形的发展历史

常规拉拔加工具有非常悠久的历史，最初采取通过模孔用手工拉拔成线的加工方法。在13世纪中叶，德国首先制造出利用水力带动的拉线机，并在世界上逐渐推广。到17世纪已出现接近于现在的单卷筒拉线机。拉拔技术的关键是模具，模具的使用增加了这一技术的局限性，拉拔后产品的精度和质量取决于模具的好坏，因此人们围绕着模具的改进进行了一系列研究。首先是改进模具材料，采用硬质合金拉拔模代替原来的锻钢模，其次是采用润滑减少拉拔载荷和模具消耗，以提高设备的寿命，降低产品的表面粗糙度。到20世纪50年代前后，人们又将水静压挤压研究应用于拉拔加工，然而模具磨损仍然是人们所关注的主要问题。为了减少磨损，英国谢菲尔德市科技大学的M. S. J. Hashmi教授曾提出过一种无模拉伸方法，如图1.10所示。即采用聚合物熔体作为润滑剂，使线材或管材拉伸变形在到达拉伸模之前就在密封的长管中开始进行，而模具只起到密封塞的作用，避免了材料与模具的接触。但是，由于昂贵的聚合物和该装置的复杂性，这一技术也只停留在实验研究和理论分析阶段。

无模拉伸的基本思想来源于超塑性中的“无模拉拔”。其成形方法最初是由英国的R. H. Johnson教授提出的。即将材料的局部加热到其超塑性状态，利用超塑性材料对温度及应变速率的敏感性，通过控制拉伸速度和感应线圈移动速度，使材料拉伸成所需要的断面。与此同时，V. Weiss和R. Kot进一步证实这种无模拉伸实际是利用了材料相变超塑性的特性，即在一定负荷下，对材料施以通过相变点的温度循环，从而获得相当程度的塑性变形。Al-Naib和T. Y. M. Duncan还成功地用这种方法制成了几种产品。因此，无模拉伸最早是属于材料超塑性应用研究的一项成果。

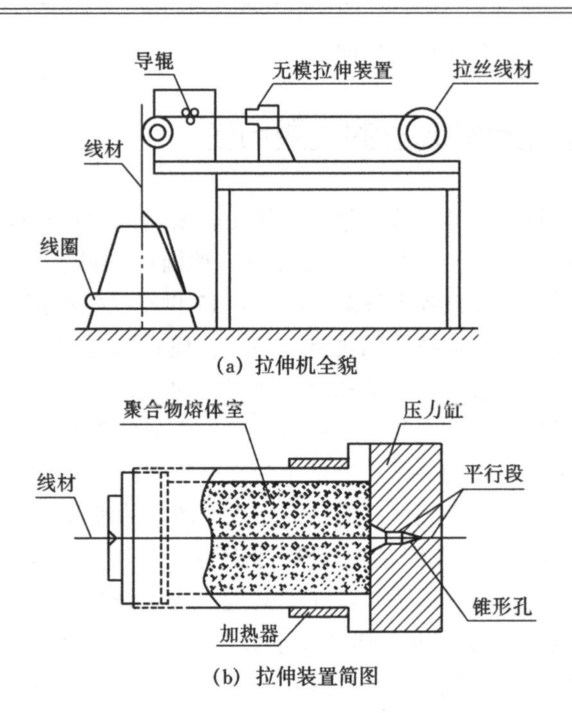

(a) 拉伸机全貌

(b) 拉伸装置简图

图 1.10 利用流体力学的无模拉伸方法

目前所指的无模拉伸尽管在形式上与超塑性研究中的“无模拉拔”有类似之处，但是对于许多不具备超塑性条件的材料同样也能进行无模拉伸，它在成形机制以及应用范围等方面早已脱离了超塑性研究范围，成为一种独特的塑性加工新技术。

无模成形研究在国外有近 40 年历史，特别是近 20 年来，随着小轿车 FF（前置发动机、前轮驱动）的流行，人们对相应零部件的设计和生产提出了新的更高的要求，为此无模拉伸新技术受到许多企业重视。目前，采用无模拉伸工艺生产小轿车非线性悬架弹簧用锥形坯料已在日本的神户制钢和大同特殊钢等公司进入实用研究阶段，并获取了专利，其中连续式无模拉伸生产工艺中的材料送入速度高达 3 ~5m/min。国内小轿车也大多数采用 FF 驱动，但由于非线性弹簧加工成本高，多数仍采用线性弹簧，对非线性弹簧的使用还很少。

国外对无模弯管的研究可追溯到第二次世界大战后。1954 年英国采用感应加热线圈代替心轴，获得了难弯管材的成功，形成了最初的无模弯管。20 世纪 80 年代初期，无模弯曲工艺获得了迅速的发展，日本第一高周波公司率先申请了无模弯管专利，该专利说明，采用高频感应加热线圈局部加热，并用冷却水控制加热宽度，从经济和技术上都是可行的。目前，已将该项技术已应用于工业生产。

我国无模成形研究起步于 20 世纪 80 年代。为了开展无模成形研究，1987 年在东北大学轧制技术及连轧自动化国家重点实验室建立了我国唯一的无模成形研究基地，由东北大学栾瑰馥教授主持开展了这项工作的研究，开发设计制造了无模成形试验机，在无模成形实验研究和基础理论研究方面做了大量的工作。

1.4　管材无模成形理论与实验研究

1.4.1　实验研究

英国帝国理工大学的 J. M. Alexander 教授等人于 20 世纪 70 年代初期在由 100t 的 Buckton 材力试验机改造后的无模拉伸装置上开始实验研究。实验中采用功率为 15kW、频率为 2 ~ 5kHz 的中频感应炉加热试样，其中加热线圈由直径 9.5mm 和 8.0mm 铜管制成，其内圈直径为 50 ~ 100mm，匝数为 8 ~ 12；冷却线圈由单匝铜管制成，内圈直径为 100mm，在其内侧钻有 12 个直径 1.0mm 的小孔，使空气能吹到拉伸试样颈缩处，冷却线圈与加热线圈间距约为 75mm。图 1.11 为其实验装置简图。

实验所用材料主要有：低碳钢、不锈钢、铬钢和钛合金，试样断面形状为圆形、方形和矩形。实验研究中，通过拉力和位移传感器分别测量拉伸力和拉伸卡头位移，并采用光学高温计测量了稳定状态时的试样表面最高温度。为了防止当试样加热温度超过 1000℃

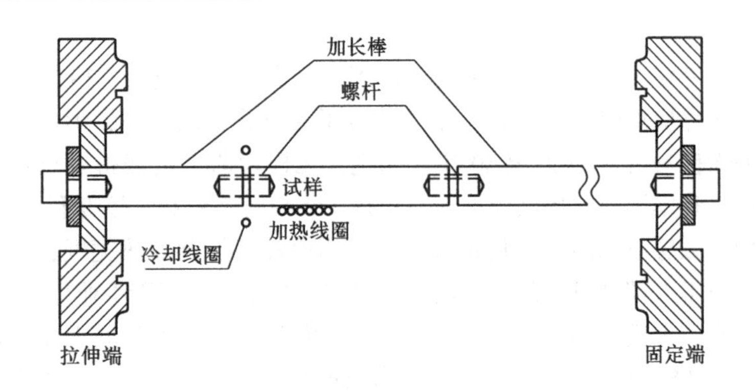

图 1.11 无模拉伸实验装置简图

后因氧化铁皮形成而导致的阻止拉伸变形区散热的“热箱”效应，还对所有试样都涂上胶质石墨涂料。

通过上述实验，J. M. Alexander 教授等人认为：对低碳钢、铬钢、不锈钢和钛合金进行无模拉伸是可能的；拉伸材料断面形状可以为圆形或矩形；拉后材料具有较好的表面粗糙度；并且钢和钛合金的断面减缩率可能分别高达 75% 和 84%；在最高拉伸速度约为 76mm/min 的情况下可得到稳定拉伸过程。另外，在控制条件下，可以拉伸成形出轴向断面形状变化的试样。该实验研究是对无模拉伸成形的首次尝试，这一研究实际上肯定了无模拉伸成形的可行性。

在 J. M. Alexander 教授等人进行无模拉伸研究的同时，日本奈良工业高等专科学校的关口秀夫、小畠耕二等人也在开展这方面的研究。他们首先在 5t 的 Instron 材料试验机上开始无模拉伸实验，为此，增设了液压传动的感应线圈和冷却喷嘴移动装置；为了提高加热速度，利用功率为 3kW、频率为 2MHz 的高频感应炉进行加热，感应线圈为单匝；采用喷吹压缩空气或水雾等方法冷却。实验所用材料为中、低碳钢，不锈钢和纯钛，试件长度为 250mm，棒材直径为 8mm，不经过热处理。他们研究了断面减缩率与速度比之间的关系，测定了预热期间试件的温度分布，拉伸过程中试件的轴向温度分布，并且还实际拉伸出几种轴向断面形状变化的试件。他们还对管材进行了实验研究，实验管材的外径为8mm，内径6mm。实验结果表明，变形后的管材壁厚与外径之间呈线性关系，见图1.12。

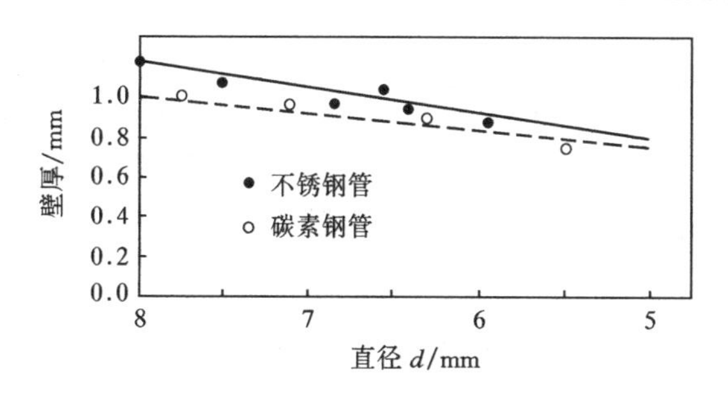

图1.12 管材无模拉伸后壁厚与外径之间的关系

日本学者的研究更多集中于材料加工后的组织性能方面。他们先后考察了拉伸后材料拉伸强度与加工温度、拉伸断裂应变与拉伸强度的关系，如图1.13和图1.14所示。

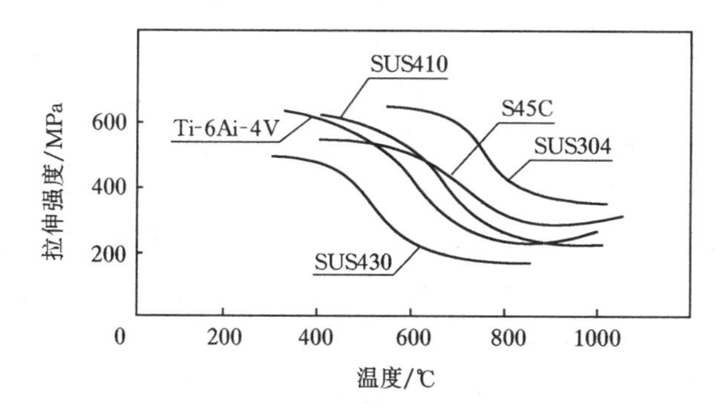

图1.13 无模拉伸后材料强度与温度之间的关系

在对弹簧钢$60Si_2MnA$进行实验时，采用宽度为1mm的单匝线圈进行加热，用喷嘴喷吹0.05MPa的压缩空气进行冷却，拉伸速度为10mm/min，冷热源移动速度为33.5mm/min，拉伸前的材料均经过淬火处理，然后在440~550℃的中温加工区域进行无模拉伸，并称之为回火中温无模拉伸，如图1.14所示。实验结果表明，这种经

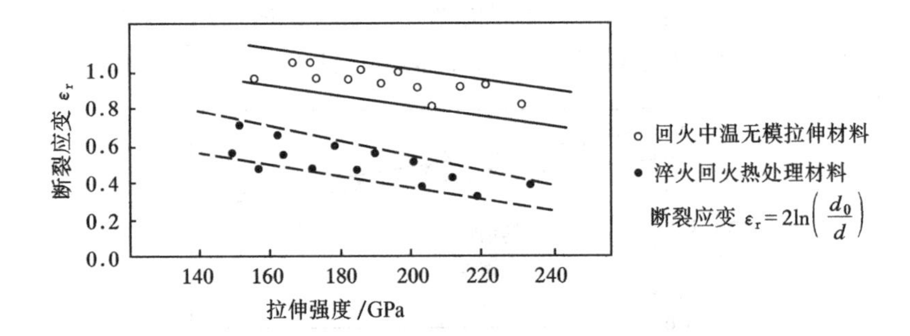

图 1.14 加工后材料拉伸断裂应变与拉伸强度的关系

回火中温无模拉伸后的材料各项性能指标均优于常规淬火回火热处理后的材料性能指标。这是第一次将无模拉伸看成一种加工热处理方法。

日本学者关口秀夫、小畠耕二教授等还利用无模拉伸工艺对锥形棒、阶梯棒、波形棒等进行了无模拉伸实验研究。他们对碳钢进行了锥形件的无模拉伸，一组无模拉伸实验过程是拉伸速度为15mm/min，冷热源移动速度变化范围为60～6.7mm/min；另外一组拉伸速度为15mm/min，冷热源移动速度变化范围为15～68.2mm/min，结果加工出了较理想的锥形件。

在日本，非线性支承弹簧所用的锥形簧丝已在大同特殊钢公司及神户制钢公司采用无模拉伸试生产出来，与采用辊式模、旋转式可调模及断面减缩率可调模等进行拉拔或采用数控车削加工和锻造加工出来的零件相比，不论从强度方面还是从生产率和成本方面看，都很令人满意，因为这种新的锥形簧丝加工方法解决了以往传统加工方法所存在的问题。这种锥形簧丝无模拉伸加工法具有很多优点，如尺寸精度高、成品率高，且高效率、能量消耗低等。

日本大同特殊钢公司开发研制了一种锥形棒材加工机，如图1.15所示。

由送料机送来的棒材安装在固定端和移动端的卡头上，在此之间的棒材由通电加热炉加热到预定的温度，随后通过许多微小喷嘴

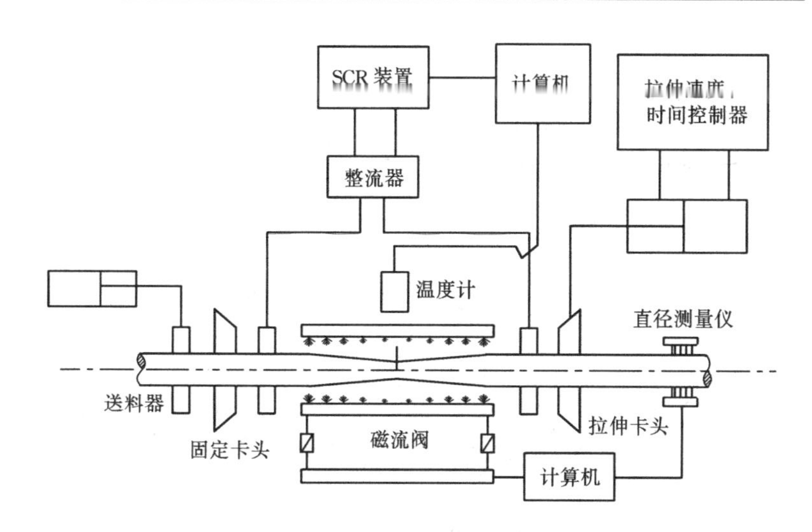

图 1.15　锥形件非连续式无模加工设备

吹送冷却空气，形成温度梯度，此时的温度，中间处最高，左右对称分布，形成变形抗力与加工后的断面面积之积为定值的温度梯度。此后快速地拉伸移动端的卡具，这样就可以生产出锥形棒。通过电磁开关可以调整风量以形成合适的温度分布，为了进行该控制还需连续地测定加工后的锥形棒各处的直径，随后在锥形段的中间位置切断锥形棒。

神户制钢公司采用连续式无模拉伸方法生产锥形簧丝，其生产流程、设备及控制模型见图 1.16。实际生产中发现当断面减缩率超过 50% 时，拉伸过程出现非稳定。研究者村桥守首次提出实际的最大断面减缩率不超过 45% 。图 1.17 为非线性弹簧及锥形簧丝。

日本第一高周波工业公司已将无模弯管技术用于大口径管材工业生产，该项研究说明，采用高频感应加热线圈局部加热，并用冷却水控制加热宽度，从经济和技术上看都是可行的，生产设备如图 1.18 所示。

东北大学无模成形课题组对棒材无模拉伸工艺和无模拉伸温度场进行了较全面的研究。分析了无模拉伸过程中的加热和冷却过程

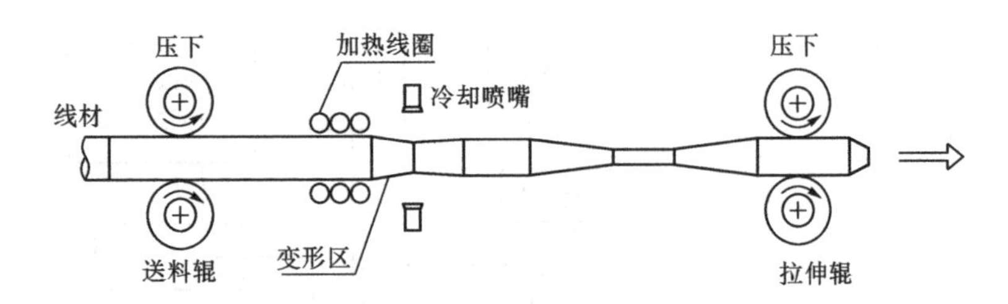

图 1.16 锥形簧丝连续式无模加工原理

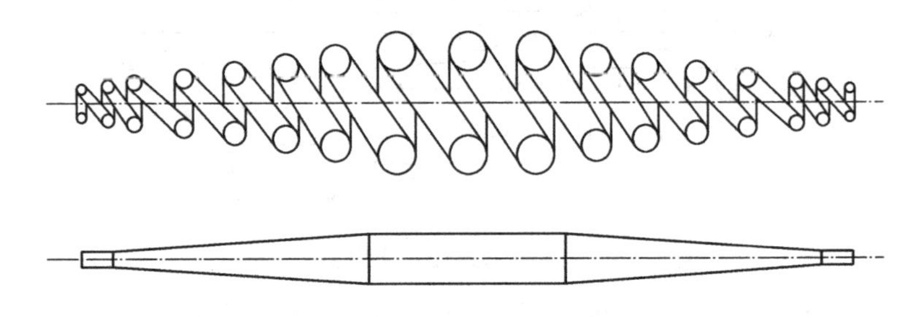

图 1.17 非线性弹簧及锥形簧丝

以及拉伸温度场形成机制，研究了无模拉伸温度场的一般形态，各种工艺参数对温度场的影响极其变化规律，并对温度场进行了理论计算；研究了各种工艺参数对无模拉伸成形过程的影响；对无模拉伸加工极限进行研究，找出了无模拉伸最佳工艺条件；分析了无模拉伸过程对材料组织和性能的影响，对无模拉伸的加工热处理作用及其应用范围进行了研究。同时，对于管材无模拉伸表面温度分布、温度场的特性参数以及管材壁厚变化进行了实验研究。管材无模拉伸变形模型及外形尺寸见图 1.19。

图中：v_1，v_2 分别为拉伸速度、冷热源移动速度；D_0，D_{0f}分别为拉伸前、后管材外径；D_i，D_{if}分别为拉伸前、后管材内径；t_0，t_f分别为拉伸前、后管材壁厚。

实验结果表明，在拉伸过程中，当相对厚度较小时，壁厚变化(t_f/t_0)与管材外形尺寸成线性关系

图 1.18　工业用无模弯曲机

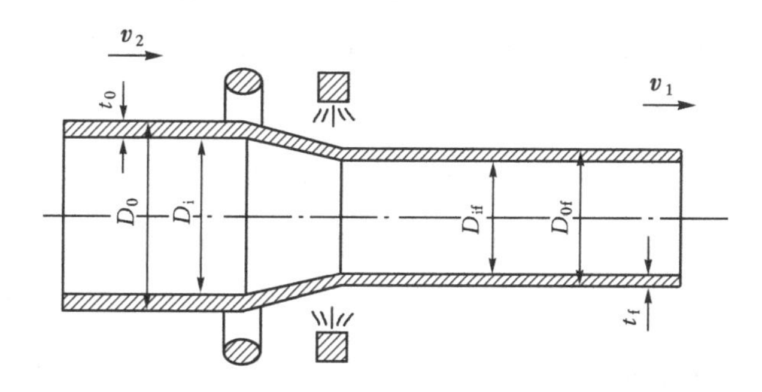

图 1.19　管材无模拉伸变形模型及外形尺寸

$$\frac{t_f}{t_0}=\frac{D_{if}}{D_i}=\frac{D_{0f}}{D_0}=\sqrt{1-R_s} \tag{1-5}$$

式中：R_s——断面减缩率。

管材无模拉伸时，壁厚变化（t_f/t_0）与冷热源间距有关，随着冷热源间距的增大，拉伸后管材壁厚变化程度减小；另外，随着断面减缩率的增大，其壁厚变化程度增大。对于加工变断面管类件，当冷热源间距过大时将影响加工件表面质量。因此，不能为了减轻壁厚变化程度而盲目增大冷热源间距。

方管无模拉伸时断面形状变化如图 1.20 所示。

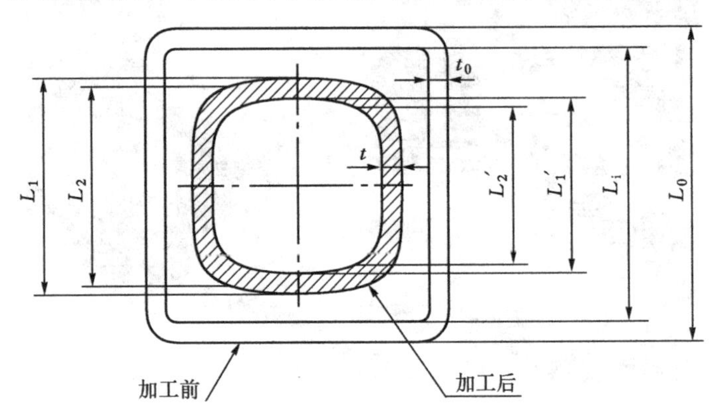

图 1.20 方管无模拉伸时断面形状变化

方管无模拉伸时壁厚变化类似于圆管无模拉伸，也有类似关系式

$$\frac{t_f}{t_0}=\frac{L_{if}}{L_i}=\frac{L_{0f}}{L_0}=\sqrt{1-R_s} \tag{1-6}$$

式中，$L_{0f}=(L_1+L_2)/2$，$L_{if}=(L'_1+L'_2)/2$，L_1，L_2，L'_1，L'_2 见图 1.20。

1.4.2 理论研究

无模拉伸的理论研究是伴随着实验研究进行的。英国的 J. M. Alexander 教授采用简单拉伸法和有限元法对无模拉伸过程以及拉伸变形区形状进行了解析。理论解析认为试样在拉伸过程中保持平断面状态，并且在变形区中由于高温作用可以忽略材料加工硬化影响。他们采用第二类蠕变方程作为材料应力–应变速率–温度的关系式，即本构方程为

$$\dot{\varepsilon}=\frac{2}{3}k''\sigma^{n}\exp\left(-\frac{Q}{RT}\right) \tag{1-7}$$

式中：$\dot{\varepsilon}$——应变速率；

k''——取决于材质和变形的实验常数；

n——应力指数；

Q——激活能；

R——气体常数；

T——热力学温度；

σ——应力。

对于不锈钢，本构方程采用经验公式

$$\sigma=k_{2}\left(\frac{T^{*}-T}{\alpha+2/\dot{\varepsilon}}\right)^{n}\dot{\varepsilon}^{m} \tag{1-8}$$

式中，k_2，α，T^*，n 以及应变速率敏感性指数 m 均为由实验确定的常数；$\dot{\varepsilon}$ 为应变速率；T 为热力学温度；σ 为应力。

对于钛合金，其本构方程则采用式（1-9）

$$\sigma=\frac{T_{1}^{*}-\gamma\ln\dot{\varepsilon}-T^{2}}{\beta(-\ln\dot{\varepsilon})}+8\dot{\varepsilon}^{0.001} \tag{1-9}$$

式中，T_1^*，β，γ 为常数，由实验确定；$\dot{\varepsilon}$ 为应变速率；T 为热力学温度；σ 为应力。

在材料温度分布方面，采用经典稳定状态的热传导方程式

$$\frac{\partial}{\partial r}\left(\lambda r\frac{\partial T}{\partial r}\right)+\frac{\partial}{\partial z}\left(\lambda\frac{\partial T}{\partial z}\right)+rQ'=0 \tag{1-10}$$

式中：r，z——材料的径向和轴向；

T——热力学温度；

λ——热导率；

Q'——热源强度。

该理论解析过程带有很大的局限性。其一，在材料温度分布的解析中，并未考虑冷热源移动速度、加热线圈与冷却喷嘴间距等重要因素影响，其结果只能代表某一条件下的特殊情况，因此基于温度分布研究条件下的变形解析结果也就难以令人信服。其二，变形

解析过程中所用本构方程为蠕变方程，它只能反映出高温状态下的情况，对于变形区中材料的变形过程是不正确的，因为材料变形的停止是冷却和强化的结果，与蠕变过程相差太远。

日本的小畠耕二、关口秀夫等人对于无模拉伸的理论研究主要集中于温度分布理论解析方面。他们通过实验测定了直径为7.2mm、长度为3.8mm的不锈钢和直径为2.0mm、长度为5.0mm弹簧钢在恒定加热条件下的吸热量，将高频感应加热作为恒定输入试样表面热流边界条件进行处理；他们还实际测定了喷吹压缩空气冷却和喷水雾冷却条件下的试样散热系数，在此基础上，采用有限元法求解热传导方程式

$$\lambda \frac{\partial}{\partial r}\left(r \frac{\partial T}{\partial r}\right) + r\lambda \frac{\partial^2 T}{\partial z^2} - r \frac{\partial}{\partial z}(c\rho T v_z) = 0 \tag{1-11}$$

式中：λ——热导率；

ρ——密度；

c——比热容；

v_z——单元轴向移动速度。

通过热传导方程式与边界条件的联立求解，得出无模拉伸的温度场。解析结果表明：低速拉伸时在变形区附近形成高温区，并且此处径向的温差小，材料内部温度较均匀，拉伸过程易实现；反之，高速拉伸时，由于热传导的时间很短，径向的温差大，表面温度比内部温度高很多，只形成大范围的材料表面加热，因此拉伸过程很难实现。

该理论解析所考虑因素较多，特别是考虑了冷热源移动速度对温度分布的影响，这对无模拉伸研究以及应用有较大的指导意义。但是，这种具有恒定表面热流密度边界条件所得到的结果只能是表面温度高于内部温度，在一定程度上与实验结果有差距，并且也不完全符合高频加热理论。此外，在解析过程中未考虑加热线圈与冷却喷嘴间距的影响，其结果也有局限性。

在国内，东北大学无模成形课题组用有限元方法完成了无模拉

伸变形区的温度场解析。解析过程不仅考虑了冷热源移动速度的影响，还考虑了感应线圈与冷却喷嘴间距对温度场的影响。另外，还分析了无模拉伸温度场有限元法解析过程中的热流输出边界条件及影响因素，从而推算出了无模拉伸温度场的热传导方程式

$$\lambda \frac{\partial}{\partial r}\left(r \frac{\partial T}{\partial r}\right) + r\lambda \frac{\partial^2 T}{\partial z^2} - r \frac{\partial}{\partial z}(c\rho T v_z) + Q_v r = 0 \qquad (1\text{-}12)$$

式中：λ——热导率；

T——热力学温度；

Q_v——热源强度；

c——比热容；

ρ——材料密度；

v_z——材料轴向移动速度。

在理论上，还提出了具有深透加热存在时的无模拉伸温度场理论解析模型。采用有限元法的计算结果与实际结果吻合较好。在对温度场进行了有限元解析的基础上，还将能量法与工程法相结合，采用最小能量原理求解棒材无模拉伸变形过程、变形速度场、应力场以及变形区形状等，并对无模拉伸力进行了理论解析。

目前，国内外对于棒材无模拉伸的研究比较全面，这为无模拉伸的进一步研究和应用提供了基础。但管材无模拉伸和无模弯曲的研究大多以实用为目标，理论研究和基础实验研究相对较少，因此，在管材无模成形方面还需要开展大量的理论和实验研究工作。

本章参考文献

[1] 關口秀夫,小畠耕二．ダィしス引抜きの加工法[J]．塑性と加工，1976，17(180):67－71.

[2] Pawelski O, Rasp W, et al. Dieless drawing, an example of a flexiblemetal forming[M]//Advanced Technology of Plasticity 1993—Proceeding of the Fourth International Conference on Technology of Plasticity,1993:969-979.

[3] Sekiguchi H,Kobatake K. Development of dieless drawing process [J]. Advanced Technology of Plasticity,1987(1):347-353.

[4] 小畠耕二,關口秀夫,等.连續型ダィレス引抜き机の试作と加工材质一ダィレス引抜きの研究[J]. 塑性と加工,1979,20(224):817 - 819.

[5] 栾瑰馥,曹立,董学新.无模拉伸 Ti-6Al-4V 合金研究[J]. 金属学报,1999,35(1):616 - 620.

[6] 關口秀夫,等. 高周波诱导加热にょゐ管材の曲げ加工[J]. 塑性と加工,1987,28(313):103 - 110.

[7] Wang Zhutang et al. Theory of pipe-bending to small bend radius using induction heating [J]. Journal of Materials Process Technology,1990(21):275 - 284.

[8] Kawaguchi Y, Katsube K, Mujrahashi M, et al. Applications of dieless drawing to Ti-Ni wire drawing and tapered steel wire manufacturing [J]. Wire Journal International,1991(12):53 - 58.

[9] 山田凯朗,等. Ti-Ni 綫の伸綫とぼね用鋼綫のテ-パ加工へのダィレス伸綫法の應用[J]. 神户制鋼技報,1992,42(2):93 - 96.

[10] 欒瑰馥,小畠耕二,等. ダィレスフオ-ミソグにすゐ异型鋼管のテ-パ引抜き加工[C].第42回塑性加工連合演講會論文, 札幌,1991.

[11] K Kobatake, G F Luan. A new forming method of non-circular tapered pipe [C]. Advanced Technology of Plasticity, 1993, 1:67-72. Proceedings of the 4th International Conference on Technology of Plasticity (ICTP). (Beijing) P. R. China. 1993.

[12] 夏鸿雁,吴迪,栾瑰馥. 变截面管无模拉伸成型方法[J] 热加工工艺,2009,38(9):63 - 65.

[13] Kuriyama, Aida. Theoretical analysis of bending of tube having uniform distribution of temperature by high frequency induction heating [C]. Advanced Technology of Plasticity 1993—Proceeding of the Fourth International Conference on Technology of Plasticity:464 - 469.

[14] 温景林,丁桦,曹富荣.有色金属挤压与拉拔技术[M]. 北京:化学工业出版社,2007.

[15] Tiernan P, Hillery M T. Experimental and numerical analysis of the deformation in mild steel wire during dieless drawing [J]. Proc. Inst. Mech Engi. Materials Design and Applications,2002(216):167 - 178.

[16] N N. Dieless drawing:a promising technique [J]. Machinery and Production

Engineering,1974:625.

[17] Alexander J M, Turner T W. A preliminary investigation of the dieless drawing of titanium and some steels [C]. Proceedings of the 15th MTDR Conference, 1974:525.

[18] 小畠耕二,關口秀夫. ダィしス引拔法[J]. 金属材料,1979,15(11):59 - 64.

[19] 小畠耕二,關口秀夫. ダィしス引拔きの加工速度の限界につぃて[C]. 第25回塑性加工連合演講會論文,1976: 323 - 325.

[20] 铸钢材料のダィしス加工和加工热处理[J]. 铁と钢,1980,70(8):19 - 25.

[21] 王忠堂,栾瑰馥,白光润. 无模拉伸工艺及发展[J]. 沈阳工业学院学报,1994,13(2):13 - 18.

[22] 浅尾宏,等. 波诱导加热を用ぃた管材の曲げ加工における減肉抑制[J]. 性と加工,1992,33(372):49 - 55.

[23] Sekiguchi H, Kobatake K, Osakada K. A fundamental study on dieless drawing [C]. Proceedings of the 15th MTDR Conference,1974:539.

[24] 浅尾宏,等. 管材のダィしスフォミンダ[J]. 塑性と加工,1994,3(398):202 - 208.

[25] 黄贞益,王萍,孔维斌,等. 无模拉伸工艺及发展[J]. 华东冶金学院学报,2000,4(2):118 - 121.

[26] Seiguchi H, Kobatake K, Osakada K. Warm temper forging-a new thermomechanical treatment [J]. Advanced Technology of Plasticity,1984(1):872.

[27] 加藤哲男,齐藤诚,葛西靖正,等. テパロッドの 等新加工法[C]. 金属加工プロヒス分科会资料集,(社)日本塑性加工学会, 昭和六十一年六月:282 - 289.

[28] 齐藤诚,葛西靖正,伊藤幸生,等. テーパロッドの加工ッステム[C]. 金属加工プロヒス分科会资料集,(社)日本塑性加工学会, 昭和六十一年六月:297 - 303.

[29] 张卫刚,栾瑰馥, 白光润,等. 无模拉伸工艺参数实验研究[J]. 热加工工艺,1989(2):9 - 13.

[30] 张卫刚,栾瑰馥, 白光润, 等. 无模拉伸工艺参数实验研究之二[J]. 热加工工艺, 1989(6):7 - 10.

[31] 张卫刚,栾瑰馥, 白光润,等. 无模拉伸成形中加热和冷却过程的研究[J]. 汽车工艺,1989(6):10-13.

[32] 张卫刚,栾瑰馥. 无模拉伸成形实验研究[J]. 金属成形工艺, 1990(1):58-64.

[33] 王忠堂,栾瑰馥,白光润. 锥管件无模拉伸实验研究[J]. 沈阳工业学院学报, 1995(2):47-53.

[34] 王忠堂,栾瑰馥.不锈钢管件无模拉伸实验研究[J]. 塑性工程学报,2002(2):79-81.

[35] 王忠堂, 栾瑰馥, 白光润, 等. 变截面管类无模拉伸工艺研究[J]. 热加工工艺, 1995(1):11-13.

[36] 王忠堂, 李国辉, 郑杰,等. 钨合金棒材无模流变成形有限元分析[J]. 金属成形工艺, 2002:14-16.

[37] 张卫刚, 栾瑰馥. 无模拉伸温度场有限元分析[J]. 东北大学学报, 1989(6):616-621.

[38] Zhang Weigang, Luan Guifu,Seiguchi H. Study on wire temperature field and structure properties in dieless drawing[C]. Advanced Technology of Plasticity 1990. Proceedings of The 3rd International Conference on Technology of Plasticity (ICTP), Japan,1990:557.

[39] Zhang Weigang,Luan Guifu,Sekiguchi H. Study on wire temperature field and structure properties in dieless drawing[J]. Advanced Technology of Plasticity, 1990(3):557-561.

[40] 王忠堂, 陈锟, 郑杰,等. 棒材无模拉伸温度场及温度梯度[J]. 塑性工程学报, 2001:79-81.

[41] Z T Wang, G F Luan, G R Bai. The study on drawing force and deformation during tube dieless drawing[C]. Advanced Technology of Plasticity Proc 5th International Conference on Technology of Plasticity (ICTP),1996,U. S. A.

[42] Wang Z T, Luan G F, Bai G R. Study of the deformation velocity field and drawing force during dieless drawing of tube [J]. Journal of Materials Processing Technology, 1999(94):73-77.

[43] 印协世. 钨铼合金和钨铼热电偶[M], 北京:冶金工业出版社,1992.

[44] 郑良永. 钨丝工艺学[M],上海:上海科学技术出版社,1996.

[45] 夏鸿雁,吴迪,栾瑰馥. 异型断面锥形电柱无模拉伸工艺研究[J]. 塑性

工程学报,2009,16(2):140－143.
[46] 夏鸿雁,吴迪,栾瑰馥.一种新型的锥形方管无模拉伸成形工艺[J].钢铁,2009,44(7):50－52.
[47] 關口秀夫,小畠耕二.ダィしス引抜の畠用に关する研究[C].第25回塑性加工連合演講會論文,1974,(札幌),日本国:237－241.
[48] Memon A H. Strip drawing experiments with a dieless reduction unit using polymer of "EVA" as pressure medium [J]. Inter. Mach. Tools Manufact, 1993,33(2):223－229.

第2章　管材无模成形系统

无模拉伸实验机是利用 CW6140 车床改装而成的，在原两侧滑轨之间增设一个主丝杠，带动拉伸卡头，施加拉伸力，其主体结构如图 2.1 所示。

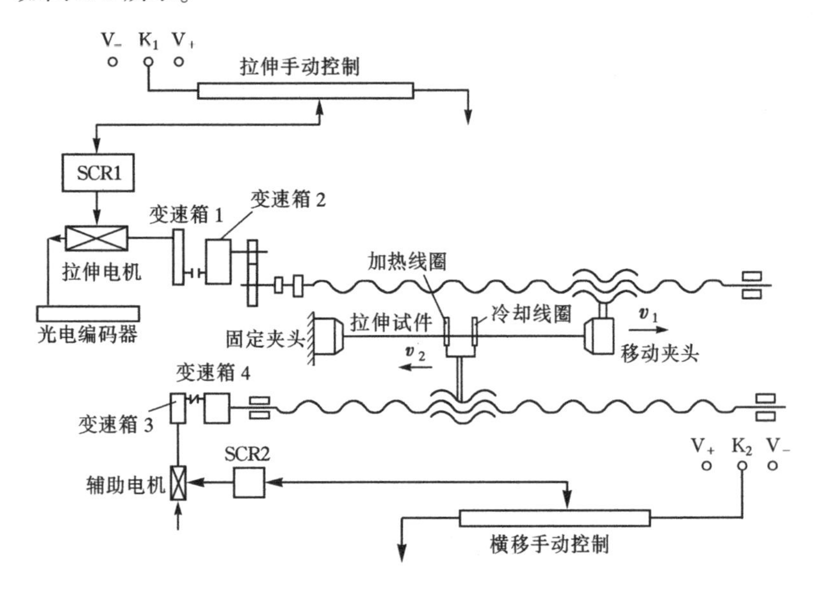

图 2.1　无模拉伸实验机结构图

2.1　动力及机械传动系统

拉伸机主体为可无级调速的 Z2-72 型直流电动机，其额定功率为 10kW，额定电压为 220V，额定转速为 750r/min。拉伸的传动系统除利用原车床主齿轮变速机构外，在主电机与床头箱变速机构之间增设了传动比为3.44、额定功率为13.4kW的ZD14-6-Ⅱ型的单级直齿轮减速器。床头箱主齿轮变速机构可以变换出4种传动比，直流电机通过调压方法可以得到无级调速，两者相结合可以得到较广的拉伸速度范围。拉伸速度范围为0～2640mm/min。在各种传动比下拉伸速度与主电动机转速的关系如图2.2所示；拉伸速度与电压的关系如图2.3所示。

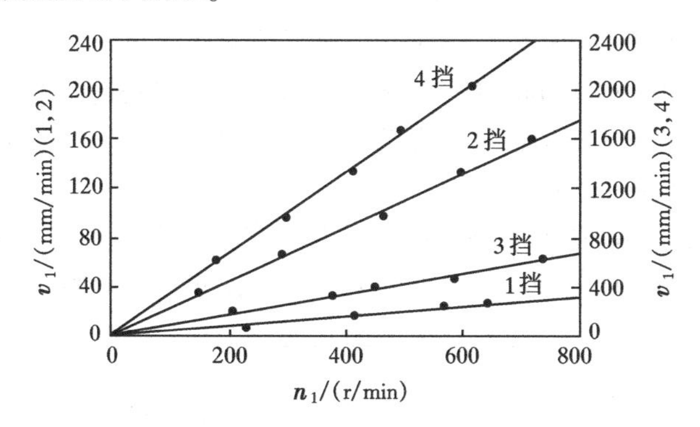

图2.2　拉伸速度 v_1 与主电机转速 n_1 之间的关系

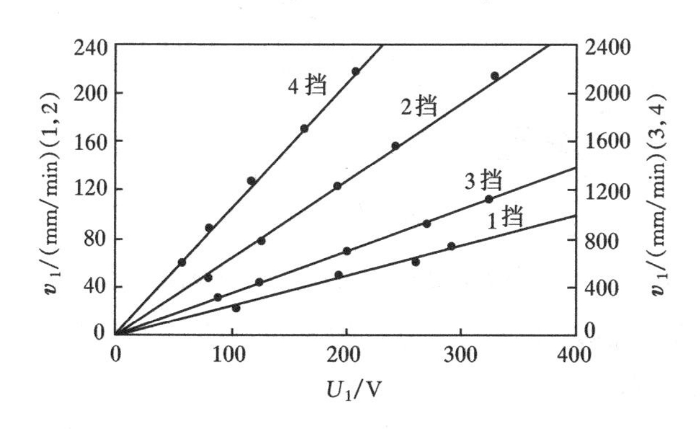

图2.3　拉伸速度 v_1 与主电机电压 U_1 之间的关系

对拉伸速度与主电动机转速和电机中枢电压的关系进行回归分析，可以得到以下关系。

第一挡：$v_1=0.046n_1+0.328$，$v_1=0.228U_1-0.461$；

第二挡：$v_1=0.221n_1+0.440$，$v_1=0.898U_1-1.743$；

第三挡：$v_1=0.844n_1+0.908$，$v_1=3.476U_1-1.142$；

第四挡：$v_1=3.404n_1+0.746$，$v_1=13.84U_1-0.723$。

无模拉伸线圈和冷却器(简称冷热源)移动系统的动力源采用额定功率为0.24kW，额定电压为220V，额定转速为1440r/min的Z-2.5型直流电动机。冷热源安装在原车床走刀架上，其移动利用了原走刀架的蜗轮蜗杆系统。减速系统包括两部分，一是采用传动比为60的WD120-60-Ⅲ型蜗轮蜗杆减速器，二是进给箱的四级变速机构。其变速机构也可以变换出4种传动比，冷热源移动速度的覆盖范围为0～350mm/min。

冷热源移动速度与辅助电动机转速之间的关系如图2.4所示；冷热源移动速度与辅助电动机电压之间关系如图2.5所示。

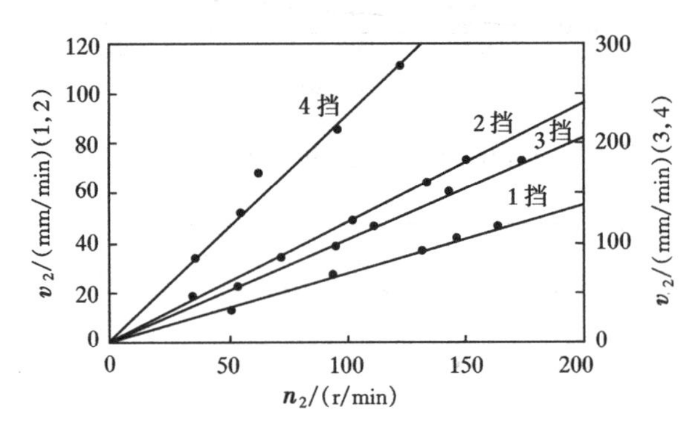

图2.4　冷热源移动速度 v_2 与辅助电动机转速 n_2 的关系

对冷热源移动速度与辅助电机转速及电压进行回归分析，可以得到以下关系。

第一挡：$v_2=0.033n_2-0.497$，$v_2=0.282U_2-0.977$；

第二挡：$v_2=0.062n_2-0.412$，$v_2=0.430U_2-1.788$；

第三挡：$v_2=0.136n_2-0.824$，$v_2=1.162U_2-1.466$；

第四挡：$v_2=0.289n_2-0.804$，$v_2=2.4700U_2-0.889$。

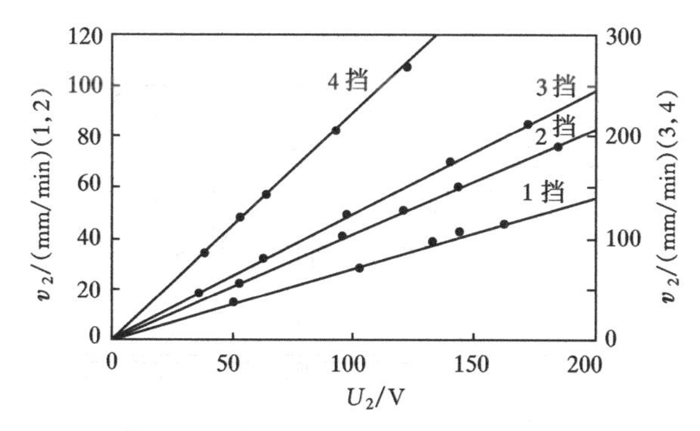

图2.5　冷热源移动速度 v_2 与辅助电动机电压 U_2 的关系

2.2　加热及冷却系统

无模拉伸设备的加热系统采用 GPC-10C1 型高频感应加热设备，振荡频率为 400～1000kHz，最大振荡功率为 10kW，设备原理如图 2.6 所示。感应加热所采用的感应线圈为特殊的单匝线圈，如图 2.7 所示。这种类型线圈具有加热区域范围较小、加热速度快等优点，可以提高拉伸速度。

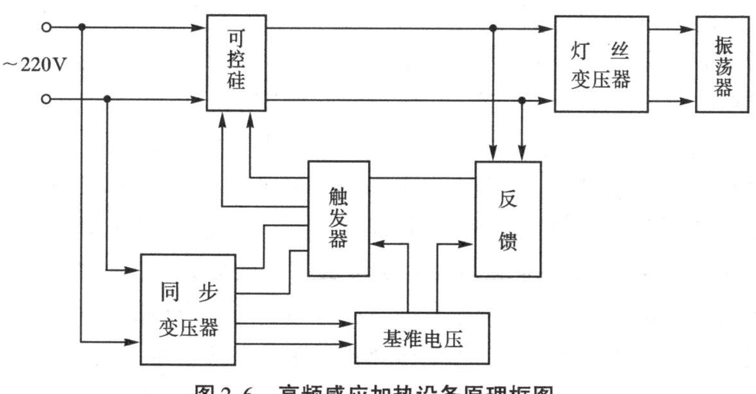

图2.6　高频感应加热设备原理框图

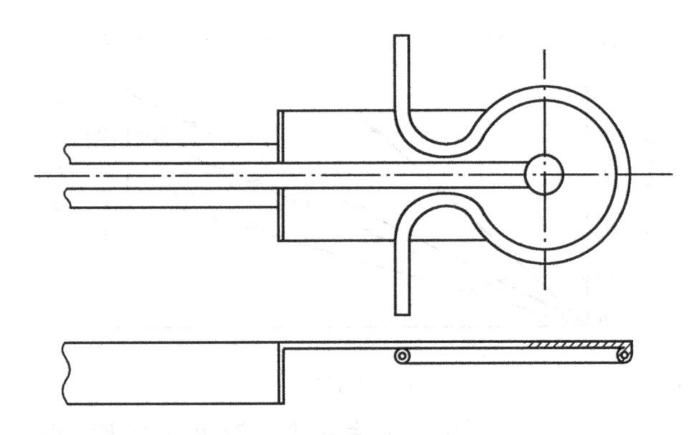

图 2.7　感应加热装置简图

该 GPC-10C1 型高频感应加热设备采用一个 FU89S 大功率电子振荡器，通过它将 50Hz 的工频电流转换成为 500 ~ 1000Hz 的高频电流。三相 380V 的交流电经阳极变压器和三相桥式全波整流后变为 8kV 左右的直流电，供电给振荡管的阳极。通过控制双相可控硅移相角，改变振荡管灯丝变压器的输入值。振荡管工作于丙类放大状态，由栅极电流的有无判断是否产生振荡，并根据栅流和板流的比例关系确定振荡管的工作状态，一般栅流和板流比例为1:5。

感应加热线圈的外形和尺寸由需要加热的工件确定，感应加热所用的感应线圈多为单匝线圈，其必需电压在 15 ~ 100V 左右。这类形状的感应加热线圈能达到在较小区域内局部加热的目的。

无模拉伸冷却系统采用喷吹压缩空气或喷水冷却方法，它具有冷却能力强、效果稳定以及无污染等特点。空气冷却装置如图 2.8(a)所示。它采用铜板和铜管焊制而成，空气喷嘴孔直径为 2.4mm，冷却装置和感应线圈并列安装于一块安装板上，中心孔保持同心。安装板上开有槽型长孔，冷却喷嘴与感应线圈之间距离可以通过人工进行调节，以改变传热边界条件。冷却所用的压缩空气由 Z-0.3/7B 型空气压缩机提供，空气压缩机储气罐内保持 0.2MPa 的恒压力。采用的喷水冷却装置如图 2.8(b)所示。

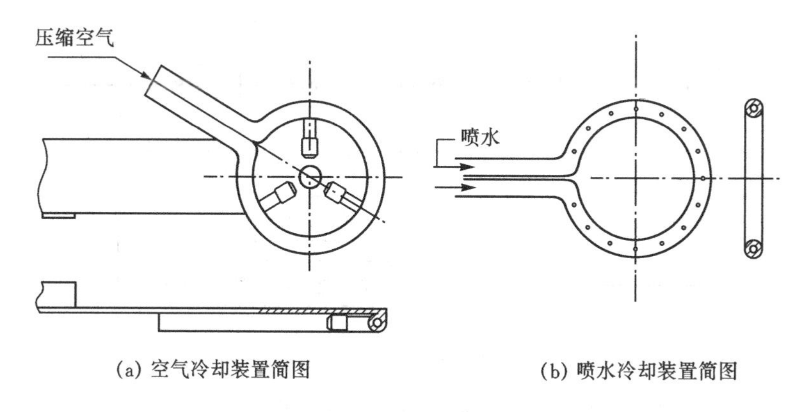

(a) 空气冷却装置简图　　(b) 喷水冷却装置简图

图 2.8　冷却装置简图

2.3　电气及控制系统

2.3.1　直流电机的供电设备

根据工艺要求，拉伸电机(1D)与冷热源移动电机(2D)的速度应为无级调速且运行要平稳可靠，故采用可控硅整流装置供电。

1D 采用 KGB 系列可控硅整流设备，其原理框图如图 2.9 所示。三相交流电源经整流变压器引至三相半控整流桥。由移相器送来的移相信号控制可控硅移相角，可得到不同的直流输出电压，也就可以得到不同的转速。调整给定电位计可得到不同的给定电压，反馈电压与给定电压比较后产生控制电压 ΔU，ΔU 经放大器放大后输入给移相器，在放大器中还综合有 RC 微分负反馈及电流截止反馈的信号，系统稳定时 RC 微分负反馈不起作用，当输出电压突增时，该环节可以降低输出电压变化率，提高系统的动态稳定性，电流截止反馈主要起限流作用，防止输出电流超过给定值。

2D 采用 ZS-A 型可控硅整流装置供电，这是一个单相全控桥式整流设备，是一个带电压反馈的闭环自动调节系统，并有移相范围

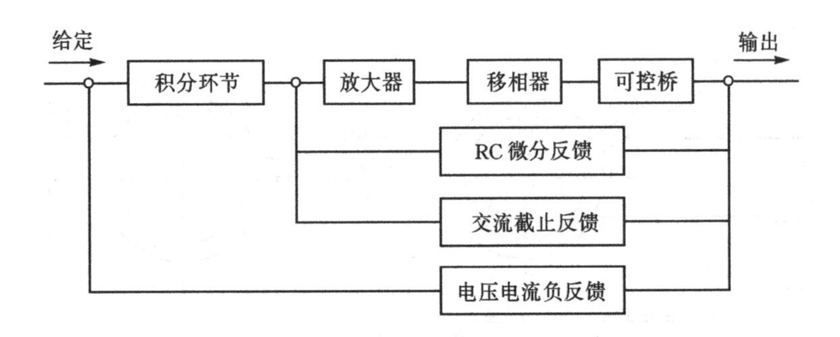

图2.9 可控硅整流设备原理框图

大、调整维修方便、工作稳定可靠、稳速精度高等优点。

2.3.2 拉伸过程控制系统

工艺对自动控制系统的要求主要有：拉伸电机和冷热源移动电机均能单独启、停，并能正转、反转；冷却水泵和空气压缩机能够单独启、停；电路中要设有保护环节和运行信号指示；控制系统要稳定可靠。

无模拉伸实验机控制系统原理见图2.10。为了实现1D和2D的正转、反转运行，采用了改变电动机激磁方向的方法，1HK和2HK为反向选择开关。整流桥(Z1-Z4)供给直流回路220V电源，1R、1C和1YR为交流侧过压保护，2R、2C和2YR为直流侧过压保护，1RL-3RL为短路保护，1XA-4XA为极限保护，1QLJ和2QLJ为失磁保护。另外，在1D的激磁绕组和各直流接触器的线圈上并联有二极管，主要是用来抑制触点接通和断开瞬间产生的反电势干扰，在正常工作时，二极管中无电流通过，接触点断开的瞬间，在线圈两端产生与供电电压极性相反的瞬间电压，二极管便导通，将电感线圈两端的瞬间电压抑制到很低，减小了接触器触点间的飞弧，保证触点可靠动作，延长触点使用寿命。所有控制电器均安装在总操作台上，可以很方便地进行操作。

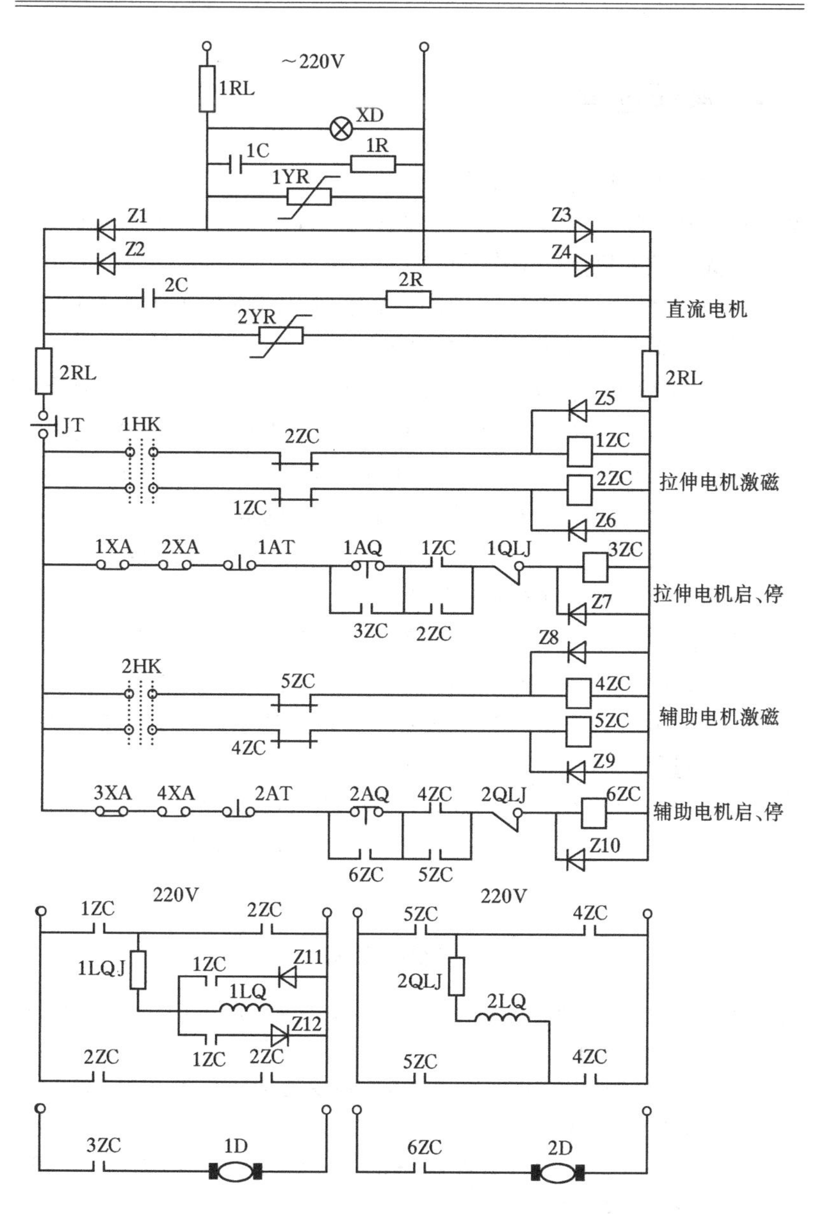

图2.10 无模拉伸自动控制系统原理图

2.4 操作过程

稳定无模拉伸过程的先决条件是必须有稳定的温度场，因此高频感应加热、喷气冷却以及冷热源移动过程应在拉伸变形以前达到稳定。无模拉伸机操作工作顺序如下。

① 开启水泵。当水压达到0.15MPa时，高频感应加热设备中的水压继电器动作，为开高频作好准备。

② 高频预热。将高频设备的灯丝电压调节旋钮旋至电压最低位置，按下低压启动按钮，接通电源，将灯丝电压调节至7V左右预热3~5min，再将灯丝电压调节至11V左右再预热3~5min。

③ 上料。将检查合格的试料卡在拉伸机的卡头上。

④ 设定速度。启动可控硅整流设备，并按工艺要求将操作台面上的速度调节电位计旋至所需位置。

⑤ 选择方向。将方向选择开关1HK和2HK置于所需位置。

⑥ 加热、拉伸和冷却。首先按下高压启动按钮，即接通高压，调节反馈使振荡管正常起振；接着，启动冷却系统和1D、2D进入正常拉伸过程。

⑦ 拉伸停止。停止的顺序是：1D→2D→高频设备→冷却系统。

⑧ 卸料和检查尺寸。检查加工件尺寸，如果不合格可以再次拉伸，直到达到要求为止。

本章参考文献

[1] 栾瑰馥,曹立,董学新.无模拉伸Ti-6Al-4V合金研究[J].金属学报,1999,35(1):616-620.

[2] 张卫刚,栾瑰馥，白光润，等. 无模拉伸工艺参数实验研究[J]. 热加工工艺,1989(2):9-13.

[3] 夏鸿雁,吴迪,栾瑰馥.一种新型的锥形方管无模拉伸成形工艺[J]. 钢铁,2009,44(7):50-52.

第3章　管材无模拉伸速度控制模型

无模拉伸是利用金属变形抗力随温度变化的性质来实现的金属柔性塑性变形，最终产品的形状及精度是通过对拉伸速度及冷热源移动速度的精确控制来保证的。本章在分析管件无模拉伸变形机制的基础上，建立锥形管、抛物线形管和任意变断面管件无模拉伸速度变化数学模型，为无模拉伸速度计算机控制奠定基础。

3.1　管材无模拉伸变形机理

在无模拉伸工艺中，根据由体积不变条件而得到的断面减缩率的计算公式可知，无模拉伸的断面减缩率只与拉伸速度和冷热源移动速度的比值有关。因此，变断面管无模拉伸的变形机制就是在无模拉伸过程中的每一瞬间都满足体积不变定律，从而根据拉伸速度与冷热源移动速度的比值来确定每一瞬间的断面减缩率。这样只要使拉伸速度与冷热源移动速度的比值按一定规律连续地变化，就可以获得所需形状的变断面管。采用这种加工方法可以加工锥形管、阶梯管、波形管及任意变断面管，如图3.1所示。图3.2所示为假定拉伸速度不变，冷热源移动速度的变化模型与对应的加工零件外形。

变断面管件无模拉伸的关键问题是速度变化规律，在本节理论解析过程中，有如下假设条件：

① 在变断面管无模拉伸过程中，主电机速度不受外负载的影响，即无模拉伸力不变；

② 在变断面管无模拉伸过程中，冷热源移动驱动电机速度不受外负载的影响，即冷热源移动台板与导轨之间摩擦力为常数；

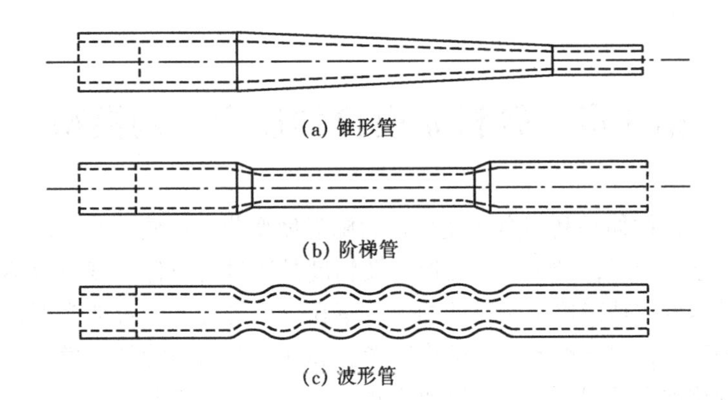

图 3.1 无模拉伸加工变断面管件

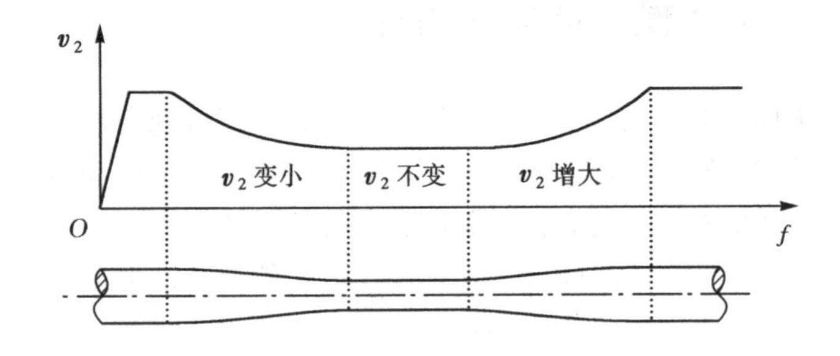

图 3.2 速度变化模型与对应的加工件形状

③ 在变断面管无模拉伸过程中，试件保持平断面状态。

通常情况下，管件无模拉伸采用如下两种加工模式，如图 3.3 所示。

3.1.1 冷热源移动速度 v_2 与拉伸速度 v_1 同向移动

(1) 在图 3.3(a)中，保持拉伸速度 v_1 不变，可以通过变化冷热源移动速度 v_2 获得所需的加工外形，此时，根据体积不变原则

$$A_0(v_2 - v_1) = A_1 v_2$$

即

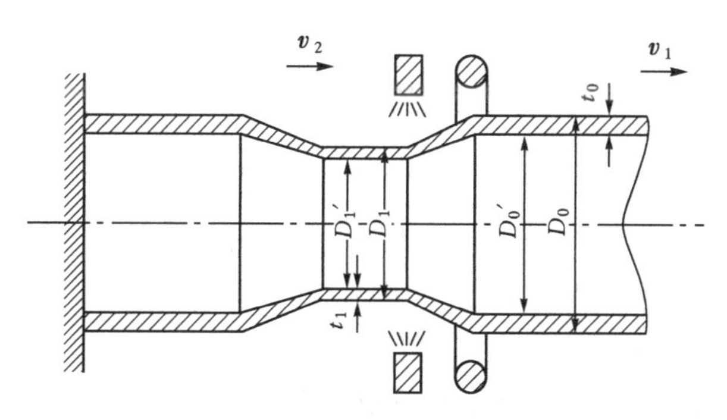

(a) $\boldsymbol{v}_1$ 与 $\boldsymbol{v}_2$ 同向

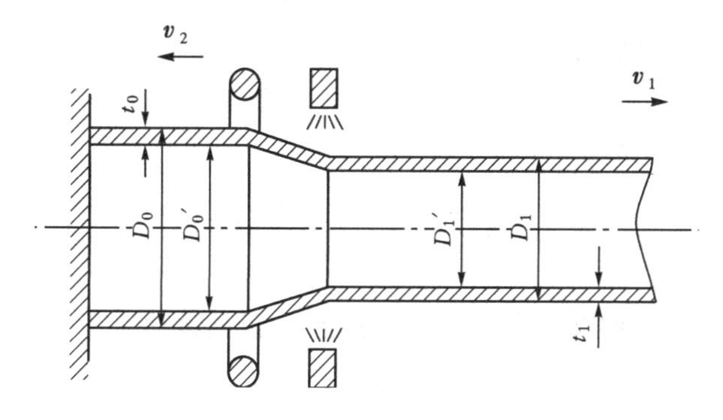

(b) $\boldsymbol{v}_1$ 与 $\boldsymbol{v}_2$ 反向

图3.3　管材无模拉伸模型

$$v_2 = \frac{A_0}{A_0 - A_1} v_1$$

断面减缩率

$$R_s = \frac{A_0 - A_1}{A_0} = \frac{v_1}{v_2} \tag{3-1}$$

又

$$A_0 = \frac{\pi}{4}(D_0^2 - D_0'^2), \ A_1 = \frac{\pi}{4}(D_1^2 - D_1'^2)$$

根据理论与实验结果

$$\frac{D_1'}{D_1}=\frac{D_0'}{D_0}=\sqrt{1-R_s}$$

有

$$v_2=\frac{A_0}{A_0-A_1}v_1=\frac{D_0^2}{D_0^2-D_1^2}v_1 \tag{3-2}$$

式中：v_1，v_2——拉伸速度、冷热源移动速度；

A_0，A_1——变形前、后管断面面积；

D_0，D_1——变形前、后管断面外径；

D_0'，D_1'——变形前、后管断面内径；

R_s——断面减缩率。

（2）同理，保持冷热源移动速度 v_2 不变，而改变拉伸速度 v_1，可得到如下关系式

$$v_1=\frac{A_0-A_1}{A_0}v_2=\frac{D_0^2-D_1^2}{D_0^2}v_2 \tag{3-3}$$

3.1.2 冷热源移动速度 v_2 与拉伸速度 v_1 反向移动

（1）在图3.3(b)中，保持拉伸速度 v_1 不变，改变冷热源移动速度 v_2，此时，断面减缩率

$$R_s=\frac{A_0-A_1}{A_0}=\frac{v_1}{v_2+v_1} \tag{3-4}$$

根据体积不变原则

$$A_0v_2=A_1(v_1+v_2)$$

又

$$A_0=\frac{\pi}{4}(D_0^2-D_0'^2)\quad A_1=\frac{\pi}{4}(D_1^2-D_1'^2)$$

根据理论与实验结果

$$\frac{D_1'}{D_1}=\frac{D_0'}{D_0}=\sqrt{1-R_s}$$

有

$$v_2 = \frac{A_1}{A_0 - A_1} v_1 = \frac{D_1^2}{D_0^2 - D_1^2} v_1 \tag{3-5}$$

（2）保持冷热源移动速度 v_2 不变，改变拉伸速度 v_1，此时，可得到如下关系式

$$v_1 = \frac{A_0 - A_1}{A_1} v_2 = \frac{D_0^2 - D_1^2}{D_1^2} v_2 \tag{3-6}$$

可见，管材的断面减缩率和拉伸速度与冷热源移动速度比值 v_1/v_2 有关，v_1/v_2 值以一定的比率连续变化，就可以得到变断面管。

3.2　锥形管无模拉伸速度控制模型

在本节中，将建立锥形管无模拉伸速度控制数学模型，锥形管无模拉伸模型也分为两种方式。

3.2.1　冷热源移动速度 v_2 与拉伸速度 v_1 同向移动

在图 3.4 中 x 处，断面面积 A_x 是 x 的函数。

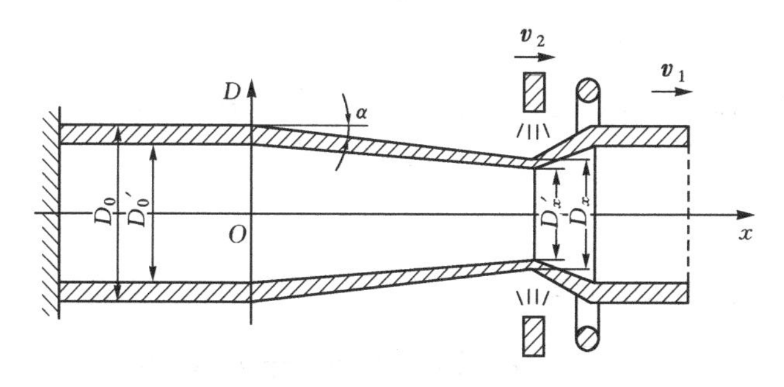

图 3.4　锥形管无模拉伸模型（v_1 和 v_2 方向相同）

根据体积不变原则

$$A_0(v_2 - v_1) = A_x v_2$$

$$A_x = \frac{\pi}{4}(D_x^2 - D_x'^2),\ A_0 = \frac{\pi}{4}(D_0^2 - D_0'^2)$$

根据理论与实验结果

$$\frac{D_x'}{D_x} = \frac{D_0'}{D_0} = \sqrt{1 - R_s}$$

又

$$D_x = D_0 - 2x\tan\alpha$$

则在 x 点处的断面减缩率

$$R_s = \frac{A_0 - A_x}{A_0} = 1 - \frac{D_1^2}{D_0^2} = 1 - \frac{(D_0 - 2x\tan\alpha)^2}{D_0^2} = \frac{v_1}{v_2}$$

有 v_1，v_2 关于 x 的函数

$$v_2 = \frac{D_0^2}{D_0^2 - (D_0 - 2x\tan\alpha)^2} v_1 \tag{3-7}$$

式中：v_1，v_2——拉伸速度和冷热源移动速度；

A_0，A_x——拉伸前管材断面面积、拉伸后 x 处的锥形管断面面积；

D_0'，D_0——拉伸前管材内、外径；

D_x'，D_x——拉伸后 x 处锥形管内、外径；

α——锥管角。

（1）保持拉伸速度 v_1 不变，改变冷热源移动速度 v_2，v_2 关于 x 的函数见式(3-7)，根据位移-速度-时间的微分关系

$$\frac{\mathrm{d}x}{\mathrm{d}t} = v_2$$

将 v_2 导出式代入，可得

$$-\frac{1}{3}x^3\tan\alpha + \frac{1}{2}D_0x^2\tan\alpha = \frac{1}{4}D_0^2v_1t + C$$

代入边界条件：$t=0$ 时，$x=0$，则 $C=0$。

因此，位移与时间之间关系式为

$$-\frac{1}{3}x^3\tan\alpha + \frac{1}{2}D_0x^2\tan\alpha = \frac{1}{4}D_0^2v_1t \tag{3-8}$$

(2) 保持冷热源移动速度 v_2 不变，改变拉伸速度 v_1，此时，v_1 是关于 x 的函数。根据式(3-7)，有

$$v_1=\frac{D_0^2-(D_0-2x\tan\alpha)^2}{D_0^2}v_2 \tag{3-9}$$

将 $x=v_2t$ 代入，有速度与时间的关系式

$$v_1=\frac{4v_2^2\tan\alpha}{D_0^2}(D_0t-v_2t^2\tan\alpha) \tag{3-10}$$

3.2.2　冷热源移动速度 v_2 与拉伸速度 v_1 反向移动

图 3.5 中，根据体积不变原则及理论与实验结果

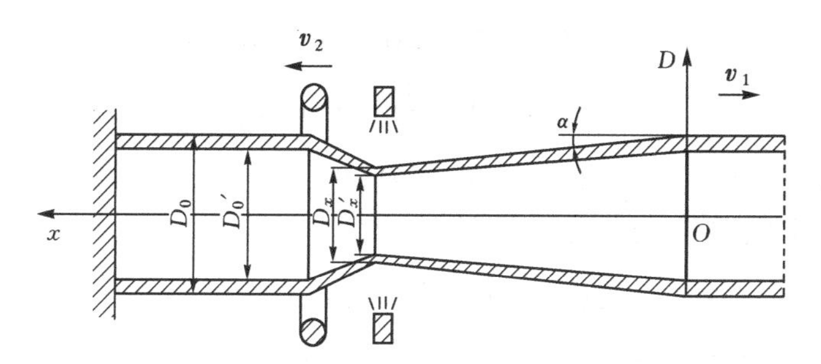

图 3.5　锥形管无模拉伸模型(v_1 和 v_2 方向相反)

$$\frac{D_x'}{D_x}=\frac{D_0'}{D_0}=\sqrt{1-R_s}$$

有

$$A_0v_z=A_x(v_1+v_2)$$

断面减缩率

$$R_s=\frac{A_0-A_x}{A_0}=\frac{v_1}{v_2+v_1}$$

$$R_s=\frac{A_0-A_x}{A_0}=1-\frac{D_1^2}{D_0^2}=1-\frac{(D_0-2x\tan\alpha)^2}{D_0^2}=\frac{v_1}{v_2+v_1}$$

v_1，v_2 关于 x 的函数

$$v_2 = \frac{(D_0 - 2x\tan\alpha)^2}{D_0^2 - (D_0 - 2x\tan\alpha)^2} v_1 \tag{3-11}$$

（1）保持拉伸速度 v_1 不变，改变冷热源移动速度 v_2，v_2 关于 x 的函数见式(3-11)，根据位移-速度-时间的微分关系

$$\frac{dx}{dt} = v_2 + v_1$$

将 v_2 导出式代入，得

$$\frac{dx}{dt} = \frac{D_0^2}{D_0^2 - (D_0 - 2x\tan\alpha)^2} v_1$$

$$[D_0^2 - (D_0 - 2x\tan\alpha)^2]\ dx = D_0^2 v_1 dt$$

得
$$2x^2\tan\alpha D_0 - \frac{4}{3}x^3\tan^2\alpha = D_0^2 v_1 t + C$$

代入边界条件：$t=0$ 时，$x=0$，则 $C=0$。

可得位移与时间的关系式

$$2x^2\tan\alpha D_0 - \frac{4}{3}x^3\tan^2\alpha = D_0^2 v_1 t \tag{3-12}$$

（2）保持冷热源移动速度 v_2 不变，改变拉伸速度 v_1，此时，v_1 是关于 x 的函数

$$v_1 = \frac{D_0^2 - (D_0 - 2x\tan\alpha)^2}{(D_0 - 2x\tan\alpha)^2} v_2 \tag{3-13}$$

根据位移-速度-时间的微分关系

$$\frac{dx}{dt} = v_2 + v_1$$

$$\frac{dx}{dt} = \frac{D_0^2}{(D_0 - 2x\tan\alpha^2)^2} v_2$$

积分，整理得

$$\frac{4}{3}x^3\tan^2\alpha - 2x^2\tan\alpha D_0 + xD_0^2 = D_0^2 v_2 t + C$$

代入边界条件：$t=0$ 时，$x=0$，则 $C=0$。

有位移与时间的关系式

$$\frac{4}{3}x^3\tan^2\alpha - 2x^2\tan\alpha D_0 + xD_0^2 = D_0^2 v_2 t \tag{3-14}$$

3.3　任意变断面管件无模拉伸速度控制模型

如前所述，如果按给定的规律连续变化速度比值 v_1/v_2，应用无模拉伸工艺，可以加工出任意变断面的管件。

类似于锥形管的无模拉伸，任意变断面管件无模拉伸也有两种形式，如图 3.6 和图 3.7 所示。

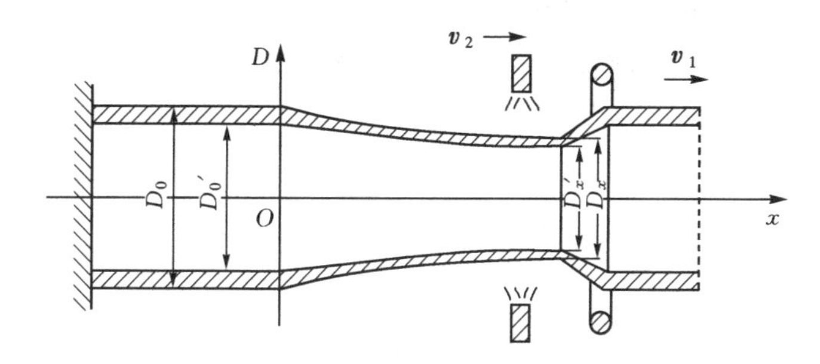

图 3.6　任意变断面管件无模拉伸模型（v_1 和 v_2 方向相同）

任意变断面管件无模拉伸在 x 处断面减缩率 R_s 是 x 的函数，由于

$$A_x = \frac{\pi}{4}(D_x^2 - D_x'^2),\ A_0 = \frac{\pi}{4}(D_0^2 - D_0'^2)$$

在 x 处的断面减缩率为

$$R_s = \frac{A_0 - A_x}{A_0} = 1 - \frac{4D_x^2 t_x - 4t_x^2}{4D_0^2 t_0 - 4t_0^2}$$

式中：A_0——变形前管材断面面积；

A_x——变形后 x 处锥形管的断面面积；

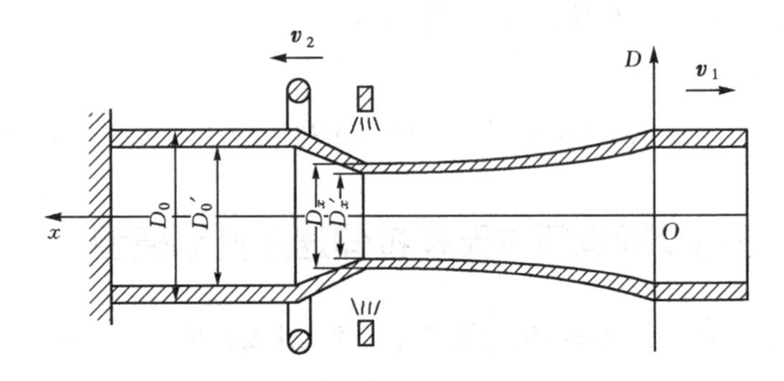

图 3.7 任意变断面管件无模拉伸模型(v_1 和 v_2 方向相反)

D_0', D_0——拉伸前管材内、外径;

D_x', D_x——拉伸后锥形管 x 处内、外径;

t_0, t_x——拉伸前管材厚度、拉伸后锥形管 x 处厚度。

根据理论与实验结果

$$\frac{D_x'}{D_x}=\frac{D_0'}{D_0}=\frac{t_x}{t_0}\sqrt{1-R_s}$$

有

$$R_s=1-\frac{D_x^2}{D_0^2}$$

对于任意变断面管件的无模拉伸，只要给出变断面的纵向剖面曲线函数或曲线上某些点的坐标，就可以确定在某种条件下速度随时间的变化规律。

若变断面管件外形曲线函数 $y=f(x)$ 已知，如图 3.8 所示。

3.3.1 v_2，v_1 同向拉伸

如图 3.6 所示，根据体积不变原则

$$A_0(v_2-v_1)=A_xv_2$$

$$A_x=\frac{\pi}{4}(D_x^2-D_x'^2),\ A_0=\frac{\pi}{4}(D_0^2-D_0'^2)$$

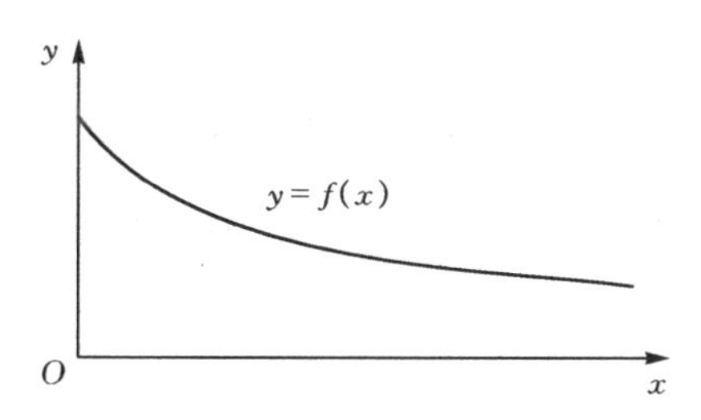

图 3.8　表面形状曲线函数

根据理论与实验结果

$$\frac{D_x'}{D_x}=\frac{D_0'}{D_0}=\sqrt{1-R_s}$$

又

$$D_0=2f(x_0),\ D_x=2f(x)$$

x 处断面减缩率为

$$R_s=\frac{A_0-A_x}{A_0}=1-\frac{D_x^2}{D_0^2}=1-\frac{f^2(x)}{f^2(x_0)}=\frac{v_1}{v_2}$$

则

$$v_2=\frac{f^2(x_0)}{f^2(x_0)-f^2(x)}v_1 \tag{3-15}$$

（1）保持拉伸速度 v_1 不变，改变冷热源移动速度 v_2，v_2 关于 x 的函数见式(3-15)，根据位移-速度-时间的微分关系，将 v_2 代入积分

$$\frac{\mathrm{d}x}{\mathrm{d}t}=v_2$$

$$\frac{\mathrm{d}x}{\mathrm{d}t}=\frac{f^2(x_0)}{f^2(x_0)-f^2(x)}v_1$$

$$f^2(x_0)x-\int_0^x f^2(x)\mathrm{d}x=f^2(x_0)v_1t+C$$

代入边界条件，即当 $t=0$ 时，$x=0$，则 $C=0$，有位移与时间的关系

式

$$f^2(x_0)x - \int_0^x f^2(x)\,dx = f^2(x_0)v_1 t \tag{3-16}$$

(2) 保持冷热源移动速度 v_2 不变，改变拉伸速度 v_1，此时，v_1 是关于 x 的函数

$$v_1 = \frac{f^2(x_0) - f^2(x)}{f^2(x_0)}v_2 \tag{3-17}$$

将 $x = v_2 t$ 代入，有速度与时间的关系式

$$v_1 = \frac{f^2(x_0) - f^2(v_2 t)}{f^2(x_0)}v_2 \tag{3-18}$$

3.3.2 v_2，v_1 反向拉伸

如图 3.7 所示，根据体积不变原则

$$A_0 v_2 = A_x(v_1 + v_2)$$

断面减缩率为

$$R_s = \frac{A_0 - A_x}{A_0} = \frac{v_1}{v_2 + v_1}$$

$$A_x = \frac{\pi}{4}(D_x^2 - D_x'^2),\ A_0 = \frac{\pi}{4}(D_0^2 - D_0'^2)$$

根据理论与实验结果

$$\frac{D_x'}{D_x} = \frac{D_0'}{D_0} = \sqrt{1 - R_s}$$

又

$$D_0 = 2f(x_0),\ D_x = 2f(x)$$

则有

$$v_2 = \frac{f^2(x)}{f^2(x_0) - f^2(x)}v_1 \tag{3-19}$$

(1) 保持拉伸速度 v_1 不变，改变冷热源移动速度 v_2，v_2 关于 x 的函数见式(3-19)。

位移-速度-时间的微分关系

$$\frac{\mathrm{d}x}{\mathrm{d}t}=v_2+v_1$$

$$\frac{\mathrm{d}x}{\mathrm{d}t}=\frac{f^2(x_0)}{f^2(x_0)-f^2(x)}v_1$$

$$[f^2(x_0)-f^2(x)]\mathrm{d}x=f^2(x_0)v_1\mathrm{d}t$$

积分，得

$$f^2(x_0)x-\int_0^x f^2(x)\mathrm{d}x=f^2(x_0)v_1t+C$$

代入边界条件，即当 $t=0$ 时，$x=0$，则 $C=0$，有位移与时间的关系式

$$f^2(x_0)x-\int_0^x f^2(x)\mathrm{d}x=f^2(x_0)v_1t \tag{3-20}$$

（2）保持冷热源移动速度 v_2 不变，只改变拉伸速度 v_1，则 v_1 是 x 的函数

$$v_1=\frac{f^2(x_0)-f^2(x)}{f^2(x)}v_2 \tag{3-21}$$

位移-速度-时间的微分关系

$$\frac{\mathrm{d}x}{\mathrm{d}t}=v_2+v_1$$

将 v_1 代入

$$\frac{\mathrm{d}x}{\mathrm{d}t}=\frac{f^2(x_0)}{f^2(x)}v_2$$

积分，得

$$v_2f^2(x_0)=\int_0^x f^2(x)\mathrm{d}x \tag{3-22}$$

【例3.1】 建立母线为抛物线形的管材无模拉伸速度控制模型。

根据上述的公式推导，将抛物线方程代入通式(3-19)至式(3-22)，可以得到加工外形为抛物线的管件的加工速度控制模型。

(1)采用图3.6所示的方案，同向拉伸。

① 保持拉伸速度 v_1 不变，改变冷热源移动速度 v_2，根据式(3-16)

$$f^2(x_0)x - \int_0^x f^2(x)\,dx = f^2(x_0)v_1 t$$

将抛物线通式 $y = f(x) = ax^2 + bx + c$ 代入并积分，可得

$$f^2(x_0)x - (ax^2 + bx + c)^2 dx = f^2(x_0)v_1 dt$$

$$f^2(x_0)x - [a^2x^4 + 2abx^3 + (2ac + b^2)x^2 + 2bcx + c^2]dx = f^2(x_0)v_1 t$$

$$f^2(x_0)x - \frac{a^2}{5}x^5 - \frac{ab}{2}x^4 - \frac{(2ac + b^2)}{3}x^3 - bcx^2 - c^2x = f^2(x_0)v_1 t$$

即

$$t = \frac{f^2(x_0)x - \frac{a^2}{5}x^5 - \frac{ab}{2}x^4 - \frac{2ac + b^2}{3}x^3 - bcx^2 - c^2x}{f^2(x_0)v_1} \tag{3-23}$$

根据式(3-15)

$$v_2 = \frac{f^2(x_0)}{f^2(x_0) - f^2(x)}v_1$$

有

$$v_2 = \frac{f^2(x_0)}{f^2(x_0) - (ax^2 + bx + c)^2}v_1$$

$$v_2 = \frac{f^2(x_0)}{f^2(x_0) - a^2x^4 - 2abx^3 - (2ac + b^2)x^2 - 2bcx - c^2}v_1 \tag{3-24}$$

② 同样，保持冷热源移动速度 v_2 不变，而改变拉伸速度 v_1，根据式(3-18)

$$v_1 = \frac{f^2(x_0) - f^2(v_2 t)}{f^2(x_0)}v_2$$

将抛物线通式 $y = f(x) = ax^2 + bx + c$ 代入，可得速度–时间的关系式

$$v_1 = \frac{f^2(x_0) - a^2(v_2t)^4 - 2ab(v_2t)^3 - (2ac + b^2)(v_2t)^2 - 2bcv_2t - c^2}{f^2(x_0)} v_2 \tag{3-25}$$

位移与时间的关系式

$$x = v_2 t \tag{3-26}$$

位移与时间、速度与时间的关系均为显式。

(2)采用图3.7所示的方案，反向拉伸。

① 保持拉伸速度 v_1 不变，改变冷热源移动速度 v_2，根据式(3-20)

$$[f^2(x_0) - f^2(x)]\mathrm{d}x = f^2(x_0)v_1\mathrm{d}t$$

将抛物线通式 $y = f(x) = ax^2 + bx + c$ 代入上式并积分，可得

$$t = \frac{f^2(x_0)x - \frac{a^2}{5}x^5 - \frac{ab}{2}x^4 - \frac{2ac + b^2}{3}x^3 - bcx^2 - c^2x}{f^2(x_0)v_1} \tag{3-27}$$

根据式(3-19)

$$v_2 = \frac{f^2(x)}{f^2(x_0) - f^2(x)} v_1$$

有

$$v_2 = \frac{(ax^2 + bx + c)^2}{f^2(x_0) - (ax^2 + bx + c)^2} v_1$$

$$v_2 = \frac{a^2x^4 + 2abx^3 + (2ac + b^2)x^2 + 2bcx + c^2}{f^2(x_0) - a^2x^4 - 2abx^3 - (2ac + b^2)x^2 - 2bcx - c^2} v_1 \tag{3-28}$$

② 保持冷热源移动速度 v_2 不变，只改变拉伸速度 v_1，则 v_1 是 x 的函数，根据式(3-21)

$$v_1 = \frac{f^2(x_0) - f^2(x)}{f^2(x)} v_2$$

将抛物线通式 $y = f(x) = ax^2 + bx + c$ 代入，可得位移–时间关系

$$t = \frac{\frac{a^2}{5}x^5 + \frac{ab}{2}x^4 + \frac{2ac + b^2}{3}x^3 + bcx^2 + c^2x}{f^2(x_0)v_1} \tag{3-29}$$

根据(3-22)

$$v_2 f^2(x_0) = \int_0^x f^2(x)\mathrm{d}x$$

将抛物线通式 $y = f(x) = ax^2 + bx + c$ 代入上式并积分整理，可得位移–速度关系

$$v_1 = \frac{f^2(x_0) - a^2x^4 - 2abx^3 - (2ac + b^2)x^2 - 2bcx - c^2}{a^2x^4 + 2abx^3 + (2ac + b^2)x^2 + 2bcx + c^2}v_2 \tag{3-30}$$

上述推导公式中，对于同向拉伸，保持冷热源移动速度 v_2 不变，而改变拉伸速度 v_1，位移与时间、速度与时间的关系为显式，其余情况位移与时间、速度与时间的关系均为隐式。

3.4 几种典型变断面管件无模拉伸速度控制模型

3.4.1 锥形管无模拉伸速度控制模型

对于锥形管无模拉伸的研究，采用 F14 钢管，随着时间的变化，连续改变 v_1 或 v_2 值，获得连续变化的断面减缩率。

(1) 采用同向拉伸时，如果保持 v_1 为一定值(v_1 = 20 mm/min)，通过改变 v_2 值成形锥管件，根据式(3-7)和式(3-8)，可得 v_2 随时间 t 的变化规律，如图 3.9 所示。

从曲线中可以看出：采用同向拉伸时，如果保持 v_1 为一定值，随着 t 的逐渐增大，v_2 的值随之降低，且 v_2 的变化程度越来越小；锥半角越大，其 v_2 值越小，随着锥半角的增大，其 v_2 的变化程度越来越小。

(2) 采用同向拉伸时，如果保持 v_2 为一定值(v_2 = 40

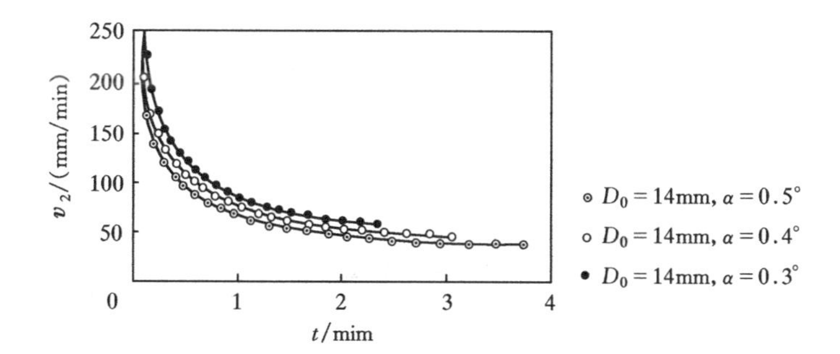

图3.9　锥形管无模拉伸冷热源移动速度 v_2 随时间 t 的变化规律（同向拉伸）

mm/min)，通过改变 v_1 值成形锥形管，根据式(3-9)和式(3-10)，v_1 随时间 t 的变化规律如图3.10所示。

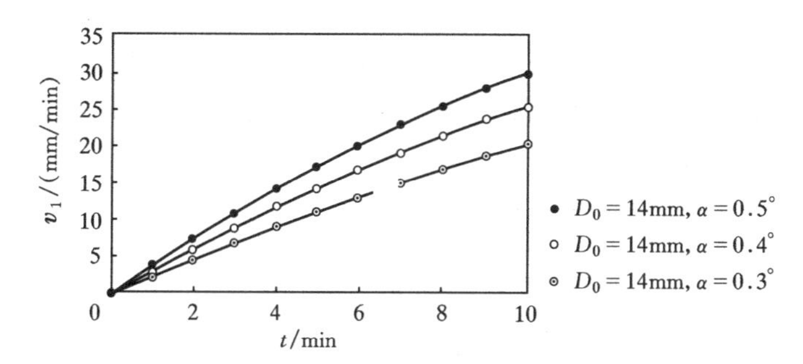

图3.10　锥形管无模拉伸拉伸速度 v_1 随时间 t 的变化规律（同向拉伸）

从曲线中可以看出，采用同向拉伸时，如果保持 v_2 为一定值，v_1 的值随着 t 的增大逐渐增大，且 v_1 的变化程度逐渐减小；锥半角增大，其 v_1 值也增大，随着锥半角的逐渐增大，其 v_1 的变化程度也越来越大。

(3) 采用反向拉伸时，如果保持 v_1 为一定值(v_1 = 20 mm/min)，通过改变 v_2 值成形锥形管，根据式(3-11)和式(3-12)，可得 v_2 随时间 t 的变化规律，如图3.11所示。

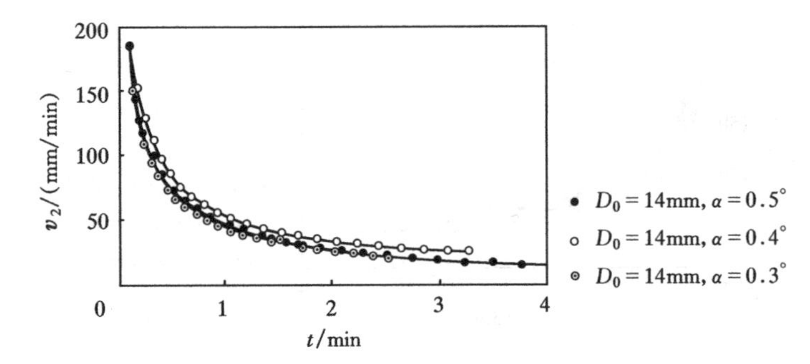

图 3.11 锥形管无模拉伸冷热源移动速度 v_2 随时间 t 的变化规律（反向拉伸）

从曲线中可以看出，采用反向拉伸时，如果保持 v_1 为一定值，随着 t 的逐渐增大，v_2 的值也随之降低，且 v_2 的变化程度越来越小。

(4) 采用反向拉伸时，如果保持 v_2 为一定值(v_2 = 40 mm/min)，通过改变 v_1 值成形锥形管，根据式(3-13)和式(3-14)，其 v_1 随时间 t 的变化规律如图 3.12 所示。

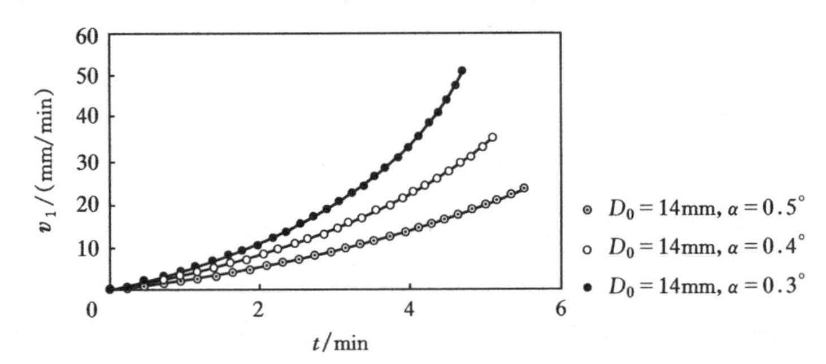

图 3.12 锥形管无模拉伸拉伸速度 v_1 随时间 t 的变化规律（反向拉伸）

从曲线中可以看出，反向拉伸时，如果保持 v_2 为一定值，v_1 的值随着 t 的增大逐渐增加，且 v_1 的变化程度逐渐增大；随着锥半角的逐渐增大，其 v_1 的值增大，并且变化程度也越来越大。

3.4.2　母线为抛物线形的管材无模拉伸速度控制模型

对于母线为抛物线形的管材无模拉伸的研究，以图 3.13 中 3 种抛物线为例，建立不同拉伸模型下的速度控制数学模型。

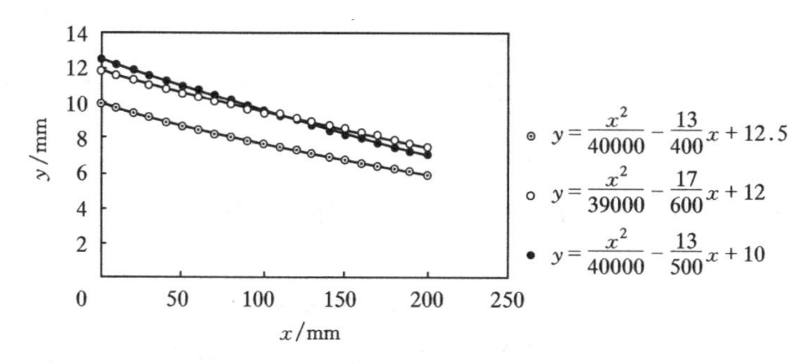

图 3.13　抛物线实例

(1) 同向拉伸，保持拉伸速度 v_1 不变，改变冷热源移动速度 v_2，根据式(3-23)和式(3-24)，可得冷热源移动速度 v_2 与时间 t 的关系曲线图，如图 3.14 和图 3.15 所示。

从曲线中可以看出，随着 t 的逐渐增大，v_2 的值也随之降低，且 v_2 的变化程度越来越小；当 v_1 减小时，v_2 也随之减小；随着管径的逐渐减小，其 v_2 的变化程度也越来越大。

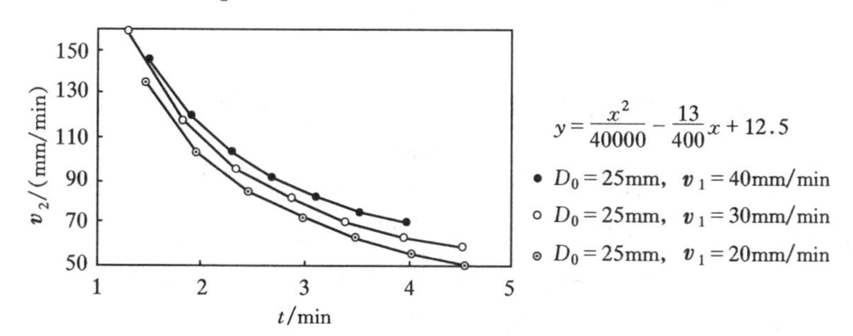

图 3.14　抛物线形管件冷热源移动速度 v_2 随时间 t 的变化规律(D_0 相同)(同向)

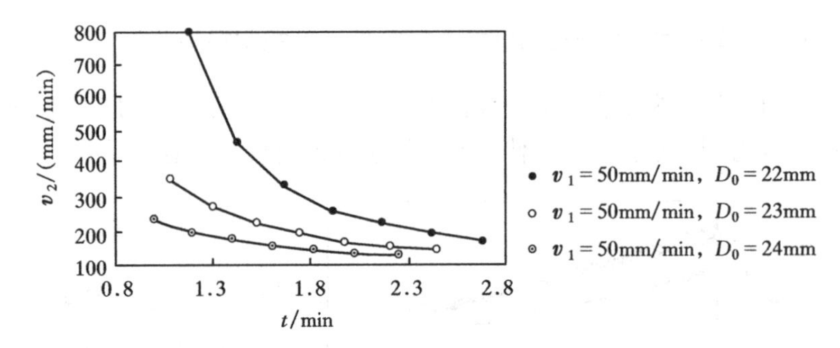

图 3.15　抛物线形管件冷热源移动速度 v_2 随时间 t 的变化规律(v_1 相同)

(同向)

(2) 同向拉伸，保持冷热源移动速度 v_2 不变，改变拉伸速度 v_1，根据式(3-25)和式(3-26)，可得时间 t 与拉伸速度 v_1 的关系曲线，如图 3.16 所示。

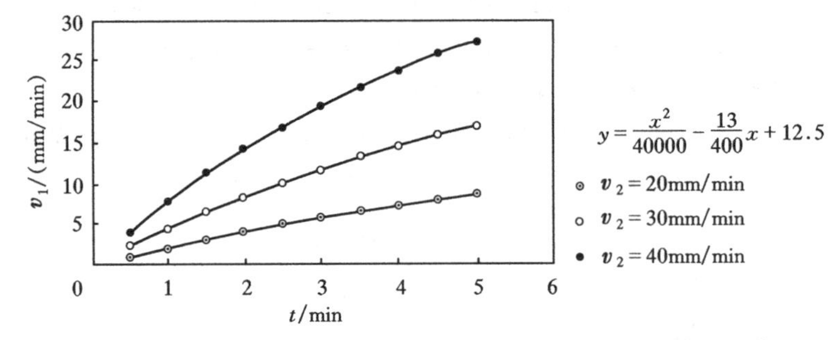

图 3.16　抛物线形管件无模拉伸拉伸速度 v_1 随时间 t 的变化规律

(同向)

从曲线中可看出，v_1 值随 t 的增长逐渐增加，且 v_1 的变化程度逐渐减小；随 v_2 逐渐增大，其 v_1 的变化程度越来越大。

(3) 反向拉伸，保持拉伸速度 v_1 不变，只改变冷热源移动速度 v_2，根据式(3-27)和式(3-28)，可得时间 t 与冷热源移动速度 v_2 的关系，其曲线如图 3.17 和图 3.18 所示。从曲线中可以看出，随着 t 的逐渐增大，v_2 的值随之降低，且 v_2 的变化程度越来越小；管径越大，v_2 也越大，并且 v_2 变化程度也越大。

(4) 反向拉伸，保持冷热源移动速度 v_2 不变，改变拉伸速度 v_1，根据式(3-29)和式(3-30)，可得时间 t 与拉伸速度 v_1 的关系曲线，如图 3.19 和图 3.20 所示。从曲线中可以看出，v_1 的值随着 t 的增大逐渐增大，且 v_1 的变化程度逐渐增大；随着 v_2 和管径的增大，其 v_1 也增大。

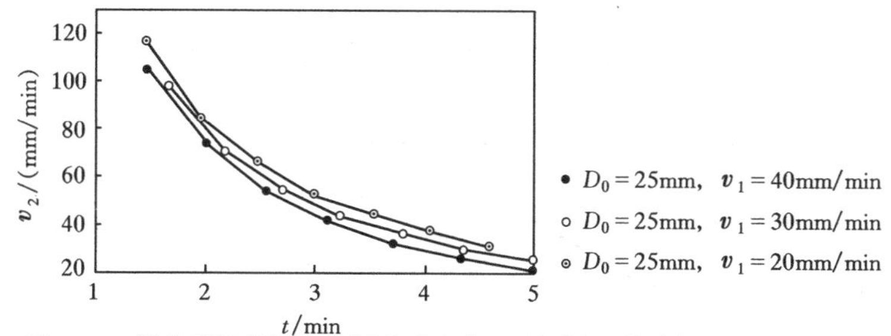

图 3.17　抛物线形管件冷热源移动速度 v_2 随时间 t 的变化规律(v_1 不同)

(反向)

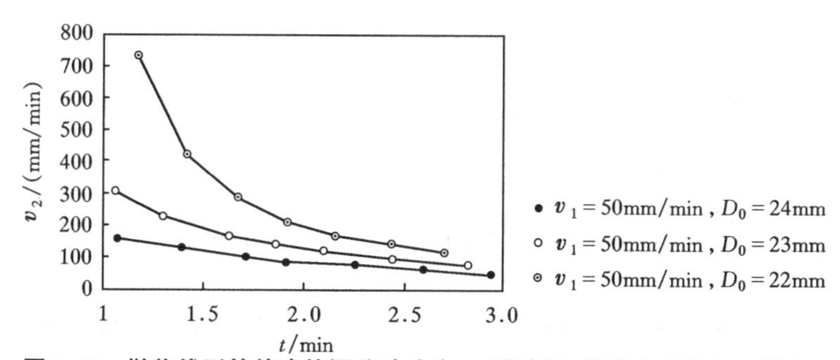

图 3.18　抛物线形管件冷热源移动速度 v_2 随时间 t 的变化规律(v_1 相同)

(反向)

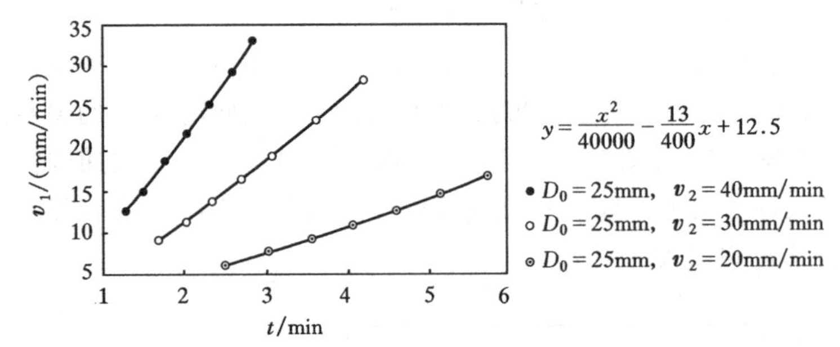

图 3.19 抛物线形管件拉伸速度 v_1 随时间 t 的变化规律(v_2 不同)(反向)

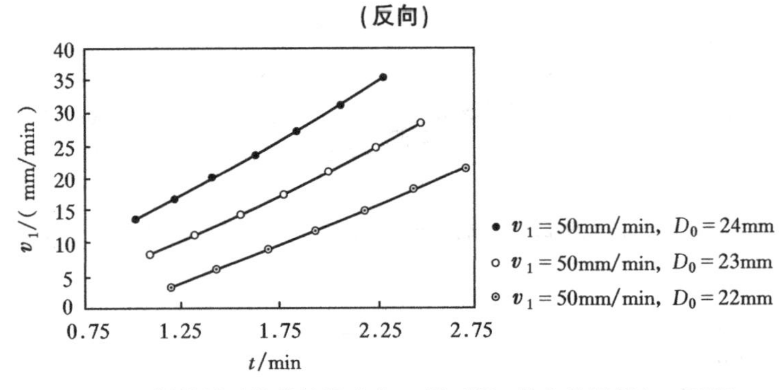

图 3.20 抛物线形管件拉伸速度 v_1 随时间 t 的变化规律(v_2 相同)(反向)

3.5 管件无模拉伸控制模型中应用的逼近算法

在许多实际问题及科学研究中，存在着各种函数关系，然而，这种关系经常很难有明显的解析表达，通常只是由测试得到一些离散数据。有时，即使给出了明确解析表达式，却由于表达式过于复杂，不仅使用不便，而且不易于进行计算与理论分析。一般情况下，解决这类问题的方法有两种：一种是插值法，另一种是拟合法。插值法是一种古老的数学方法，它的基本理论却是在微积分产生之后才逐渐完善的，其应用也日益增多，特别是在计算机软件中，许多标准的库函数，如 $\sin x$，$\cos x$，e^x 等的计算实际上归结于它的逼近函数的计算。逼近函数一般为只含有算术运算的简单函数，如多项式、有理分式等。在实际问题当中，也经常会碰到诸如此类的函数值计算问题。被计算的函数有时不容易直接计算，如表达式过于复杂，或者只能通过某种手段获取该函数在某些点处的函数值信息或者导数值信息等。因此，试图构造一个“简单函数”逼近被计算函数，然后用该简单函数的函数值近似替代被计算函数的函数值。这种方法被称为插值逼近或者插值法。插值法要求给出函数 $f(x)$ 的一个函数表，然后选定一种简单的函数形式，比如多项式、分段线性函数及三角多项式等，通过已知的函数表来确定一个简单的函数 $\varphi(x)$ 作为 $f(x)$ 的近似，概括地说，就是利用简单函数为离散数组建立连续模型。

3.5.1　插值法定义

设函数 $y=f(x)$ 在区间 $[a, b]$ 上有定义，且已知在点 $a \leqslant x_0 \leqslant x_1 \leqslant \cdots \leqslant x_n \leqslant b$ 上的值 $f(x_i)=y_i$，若存在一简单函数 $\varphi(x)$，使得

$$\varphi(x_i) = y_i$$

成立，就称 $\varphi(x)$ 为 $y=f(x)$ 的插值函数，点 $x_i(i=0, 1, \cdots, n)$ 为插值节点，包括插值节点的区间称为 $[a, b]$ 插值区间，求插值函数 $\varphi(x)$ 的方法称为插值法。

若 $\varphi(x)$ 为次数不超过 n 的代数多项式

$$\varphi_n(x) = a_0 + a_1 x + a_2 x^2 + \cdots + a_n x^n$$

式中，$a_i(i=0, 1, \cdots, n)$ 为实数，就称 $\varphi_n(x)$ 为插值多项式，相应的插值法称为多项式插值。若 $\varphi_n(x)$ 为分段多项式，就称为分段插值。

3.5.2　截断误差

截断误差（余项）：若在 $[a, b]$ 上用 $\varphi_n(x)$ 近似 $f(x)$，则

$$R_n(x) = f(x) - \varphi_n(x)$$

称为插值多项式的截断误差，又称为插值多项式的余项。

3.5.3 拉格朗日插值多项式

用多项式函数来近似代替的插值方法，称为多项式插值。设函数 $y = f(x)$ 在区间 $[a, b]$ 上有定义，且在 $[a, b]$ 上 $n+1$ 个不同点 x_0，x_1，…，x_n 上的函数值 $y_i = f(x_i)(i = 0, 1, \cdots, n)$，若存在一个至少 n 次的插值多项式

$$\varphi_n(x) = a_0 + a_1 x + a_2 x^2 + \cdots + a_n x^n$$

其中，a_i 为实数。

先构造函数 $l_i(x)(x = 0, 1, \cdots, n)$，它们的次数不超过 n，且满足

$$l_i(x_j) = \begin{cases} 0, & j \neq i, \\ 0, & j = i \end{cases}$$

然后以对应点处的函数值为系数作线性组合，即得所要求的多项式。由多项式 $l_i(x)$ 有 n 个根 $x_j(j = 0, 1, \cdots, i-1, i+1, \cdots, n)$，故它必有如下形式

$$l_i(x) = \frac{(x - x_0)\cdots(x - x_{i-1})(x - x_{j+1})\cdots(x - x_n)}{(x_i - x_0)\cdots(x_i - x_{i-1})(x_i - x_{j+1})\cdots(x_i - x_n)}$$

$$= \prod_{\substack{j=0 \\ j \neq i}}^{n} \frac{x - x_j}{x_i - x_j} \quad (i = 0, 1, 2, \cdots, n)$$

这些函数称为拉格朗日插值基函数，而 $\varphi_n(x)$ 是至多 n 次多项式，且满足 $\phi_n(x_k) = \sum_{i=0}^{n} y_i l_i(x_k)(k = 0, 1, \cdots, n)$，称为次拉格朗日插值多项式。

3.5.4 牛顿插值多项式

设有函数 $f(x)$，x_0，x_1，x_2，…为一系列互不相等的点，称

$$f(x_i,x_j) = \frac{f(x_i) - f(x_j)}{x_i - x_j} \quad (i \neq j)$$

为 $f(x)$ 关于点 x 的阶差商。一般称

$$f(x_1,x_2,\cdots,x_k) = \frac{f(x_0,x_1,\cdots,x_{k-1}) - f(x_0,x_1,\cdots,x_k)}{x_0 - x_k}$$

为 $f(x)$ 关于点 x_0，x_1，…，x_k 的 k 阶差商

$$\begin{aligned} f(x) &= f(x_0) + (x - x_0)f(x,x_0) + (x - x_0)(x - x_1)f(x_0,x_1,x_2) \\ &\quad + \cdots + (x - x_0)(x - x_1)\cdots(x - x_{n-1})f(x_0,x_1,\cdots,x_n) + (x \\ &\quad - x_0)(x - x_1)\cdots(x - x_n)f(x_0,x_1,\cdots,x_n) \\ &= N_n(x) - R_n(x) \end{aligned}$$

其中

$$\begin{aligned} N_n(x) &= f(x_0) + (x - x_0)f(x,x_0) + (x - x_0)(x - x_1)f(x_0,x_1,x_2) \\ &\quad + \cdots + (x - x_0)(x - x_1)\cdots(x - x_{n-1})f(x_0,x_1,\cdots,x_n) \\ R_n(x) &= (x - x_0)(x - x_1)\cdots(x - x_n)f(x_0,x_1,\cdots,x_n) \\ &= \omega_{n+1}f(x_0,x_1,\cdots,x_n) \end{aligned}$$

显然，$N_n(x)$ 是满足插值条件的至多 n 次的多项式。可得 $f(x_i) = N_i(x_i)(i=0,\ 1,\ \cdots,\ n)$。因而它是 $f(x)$ 的 n 次插值多项式。称 $N_n(x)$ 为牛顿插值多项式。

3.5.5　埃尔米特（Hermite）插值

设已知函数 $y=f(x)$ 在 $n+1$ 互异的节点 $a \leqslant x_0 \leqslant x_1 \leqslant \cdots \leqslant x_n \leqslant b$ 的值 $y_i = f(x_i)(i=0,\ 1,\ \cdots,\ n)$ 和 $y' = f'(x_i)(i=0,\ 1,\ \cdots,\ n)$，要求一个至多 $2n+1$ 次的插值多项式 $H(x)$，满足条件 $H(x_i) = y_i$，$H'(x_i) = y'_i(i=0,\ 1,\ \cdots,\ n)$，埃尔米特插值多项式的形式为 $H(x) = H(2x+1) = a_0 + a_1x + \cdots + a_{2n+1}x^{2n+1}$。

3.5.6　分段线性插值

在代数插值中，为了提高插值多项式对函数的逼近程度常常增

加节点的个数，即提高多项式的次数，但这样做往往不能达到预想的效果。

例如图 3.21 所示，应用拉格朗日插值公式可得到 $f(x)$ 的 n 次插值多项式 $\ln(x)$。但 $\ln(x)$ 仅在插值区间的中部能较好地逼近函数 $f(x)$，在其他部位差异较大，而且越接近端点，逼近效果越差。可以证明，当节点无限加密时，$\ln(x)$ 也只能在很小的范围内收敛，这一现象称为龙格现象。它表明通过增加节点来提高逼近程度是不适宜的，因而采用高次多项式插值并不能有效地提高逼近效率。

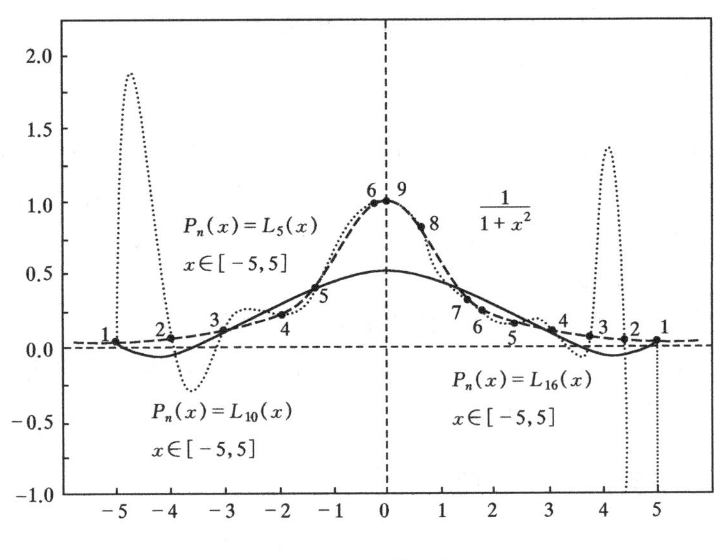

图 3.21 龙格现象

3.5.7 分段线性插值问题的提出

给定区间 $[a, b]$，将其分割成 $a=x_0<x_1<\cdots<x_n=b$，已知函数 $y=f(x)$ 在这些插值节点的函数值为 $y_k=f(x_k)$ $(k=0, 1, \cdots, n)$，求一个分段函数 $I_h(x)$，使其满足：

(1) $I_h(x_k)=y_k$，$(k=0, 1, \cdots, n)$；

（2）在每个区间 $[x_k, x_{k+1}]$（$t=0, 1, \cdots, n$）上，$I_h(x)$是个一次函数。

易知，$I_h(x)$是个折线函数，在每个区间 $[x_k, x_{k+1}]$（$k=0, 1, \cdots, n$）上

$$I_n(x) = \frac{x - x_{k+1}}{x_k - x_{k+1}} y_k + \frac{x - x_k}{x_{k+1} - x_k} y_{k+1}$$

于是，$I_h(x)$在 $[a, b]$ 上是连续的，但其一阶导数是不连续的。

3.5.8　分段线性函数的基函数

可以从整体上来构造分段线性函数的基函数。每个插值节点上所对应的插值基函数 $l_i(x)$应当满足

$$l_i(x_k) = \begin{cases} 0, & k \neq i, \\ 1, & k = i \end{cases}$$

$l_i(x)$是分段线性函数。

对于 $i=0$

$$l_0(x) = \frac{x - x_1}{x_0 - x_1}(x \in [x_0, x_1])$$

其他点上

$$l_0(x) = 0$$

对于 $i=1, 2, \cdots, n-1$

$$l_i(x) = \begin{cases} \dfrac{x - x_{i-1}}{x_i - x_{i-1}}, & x \in [x_{i-1}, x_i], \\ \dfrac{x - x_{i+1}}{x_i - x_{i+1}}, & x \in [x_i, x_{i+1}] \end{cases}$$

其他点上

$$l_i(x) = 0$$

对于 $i=n$

$$l_n(x) = \frac{x - x_{n-1}}{x_n - x_{n-1}}(x \in [x_{n-1}, x_n])$$

其他点上

$$l_n(x) = 0$$

于是

$$I_n(x) = \sum_{k=0}^{n} y_k l_k(x)$$

此表达式与前面的表达式是相同的，这是因为在区间 $[x_k, x_{k+1}]$ 上，只有 $l_k(x)$，$l_{k+1}(x)$是非零的，其他基函数均为零。即

$$I_h(x) = y_k l_k(x) + y_{k+1} l_{k+1}(x)$$

3.5.9 分段线性插值函数的误差估计

$$R(x) = \frac{1}{2}f''(\xi)(x - x_k)(x - x_{k+1})$$

根据拉格朗日一次插值函数的余项，可以得到分段线性插值函数的插值误差估计。

对 $x \in [a, b]$，当 $x \in [x_k, x_{k+1}]$ 时

$$|R(x)| \leqslant \frac{h^2}{8}m$$

其中

$$h = \max_{0 \leqslant k \leqslant n-1} |x_{k+1} - x_k|, \quad m = \max_{x \in (a,b)} |f''(x)|$$

于是有下面的定理。

如果$f(x)$在 $[a, b]$ 上二阶连续可微，则分段连续函数$\varphi(x)$的余项有以下误差估计

$$|R(x)| = |f(x) - \varphi(x)| \leqslant \frac{h^2}{8}m$$

其中

$$h = \max_{0 \leqslant k \leqslant n-1} |x_{k+1} - x_k|, \quad m = \max_{x \in (a,b)} |f''(x)|$$

于是可以加密插值节点，缩小插值区间，使 h 减小，从而减小插值误差。

实际上，分段低次插值具有计算简便、收敛性有保证、数值稳定性好，且容易在计算机上实现等优点，只是不能保证整条曲线的光滑性，从而不能满足某些工程技术上的要求，而对于无模拉伸的计算机控制模型，由于其对插值函数平滑的要求并不高，采用分段线性插值就已经可以保证逼近的效率了，而这种分段线性插值，在计算机编程方面也具有极高的方便性。

在无模拉伸计算机控制模型中，需要确定速度与时间的关系。很明显，速度与时间是隐式关系。由于在对电机速度进行控制时应用了步进电机，采用编程方式对电机的速度进行精确控制，这时，这种隐含的关系式对于编程是很难处理的，所以采用了多项式拟合的方法以便于计算。首先选择一组离散点$(t,\ v)$，然后再用分段线性函数来进行逼近，如下所示

$$v = f_i(t) \quad (i = 1,\ 2,\ \cdots,\ n)$$

应用这种分段线性插值，当分段数量 n 足够大时，误差完全可以满足需求。

不妨以母线为抛物线形的管材无模拉伸为例，首先选择（通过电机运行距离 x 的间接运算可以得到）一组离散点$(t_i,\ v_i)$ $(i = 1,\ 2,\ \cdots,\ n)$，再构造出两个相邻点之间的分段直线方程

$$v = k_i t + b_i$$

式中，$k_i = \dfrac{v_{i+1} - v_i}{t_{i+1} - t_i}$，$b_i = \dfrac{v_{i+1} t_i - v_i t_{i+1}}{t_i - t_{i+1}}$。

所以分段方程为

$$\begin{cases} v = k_1 t + b_1, & t_0 \leqslant t \leqslant t_1, \\ v = k_2 t + b_2, & t_1 < t \leqslant t_2, \\ \quad \vdots & \\ v = k_i t + b_i, & t_{i-1} < t \leqslant t_i, \\ \quad \vdots & \\ v = k_n t + b_n, & t_{n-1} < t \leqslant t_n \end{cases}$$

3.5.10 同向拉伸，保持拉伸速度 v_1 不变而改变冷热源移动速度 v_2

设抛物线 $y=\frac{x^2}{40000}-\frac{13x}{400}+12.5$，$D_0=25\text{mm}$，$v_1=20\ \text{mm/min}$，离散数据如表 3.1 所列，该离散数据的图形显示如图 3.22 所示。

表 3.1 数据表 1

v_2	t	k	b
136.4316	1.450838	-63.2731	228.2306
104.4717	1.955949	-37.5876	177.9911
85.33333	2.465117	-24.753	146.3523
72.6062	2.979282	-17.4266	124.5249
63.54307	3.499357	-12.8548	108.5266
56.77029	4.026225	-9.81367	96.28233

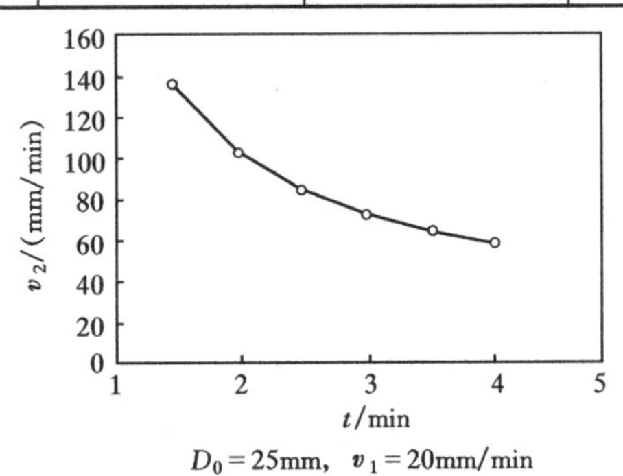

图 3.22 同向拉伸冷热源移动速度 v_2 随时间 t 的变化规律

根据表 3.1，可得 v_2 关于 t 的分段函数

$$\begin{cases} v_2 = -63.2731t + 228.2306, & 1.45 \leqslant t \leqslant 1.95, \\ v_2 = -37.5876t + 177.9911, & 1.95 < t \leqslant 2.46, \\ v_2 = -24.7532t + 146.3523, & 2.46 < t \leqslant 2.97, \\ v_2 = -17.4266t + 124.5249, & 2.97 < t \leqslant 3.49, \\ v_2 = -12.8548t + 108.5266, & 3.49 < t \leqslant 4.02, \\ v_2 = -9.81367t + 96.28233, & 4.02 < t \leqslant 4.56 \end{cases}$$

3.5.11 同向拉伸，保持冷热源移动速度 v_2 不变而改变拉伸速度 v_1

设抛物线 $y=\frac{x^2}{40000}-\frac{13x}{400}+12.5$，$D_0=25\text{mm}$，$v_2=20\text{mm/min}$，离散数据如表3.2所列，该离散数据的图形显示如图3.23所示。

表3.2 数据表2

v_1	t	k	b
1.0186872	0.5	1.953768	0.0418032
1.9955712	1	1.8726	0.1229712
2.9318712	1.5	1.793832	0.2411232
3.8287872	2	1.7174256	0.393936
4.6875	2.5	1.6433424	0.579144
5.5091712	3	1.571544	0.7945392
6.2949432	3.5	1.501992	1.0379712
7.0459392	4	1.434648	1.3073472
7.7632632	4.5	1.3694736	1.600632

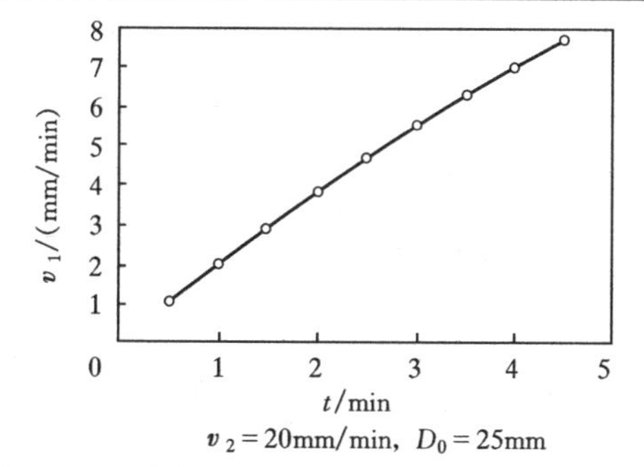

图3.23 同向拉伸拉伸速度 v_1 随时间 t 的变化规律

根据表 3. 2，可得 v_1 关于 t 的分段函数

$$\begin{cases} v_1 = 1.953768t + 0.041803, & 0.5 \leqslant t \leqslant 1, \\ v_1 = 1.872653t + 0.122971, & 1 < t \leqslant 1.5, \\ v_1 = 1.793832t + 0.241123, & 1.5 < t \leqslant 2, \\ v_1 = 1.717426t + 0.393936, & 2 < t \leqslant 2.5, \\ v_1 = 1.643342t + 0.579144, & 2.5 < t \leqslant 3, \\ v_1 = 1.571544t + 0.794539, & 3 < t \leqslant 3.5, \\ v_1 = 1.501992t + 1.037971, & 3.5 < t \leqslant 4, \\ v_1 = 1.434648t + 1.307347, & 4 < t \leqslant 4.5, \\ v_1 = 1.369474t + 1.600632, & 4.5 < t \leqslant 5 \end{cases}$$

3. 5. 12 反向拉伸，保持拉伸速度 v_1 不变而改变冷热源移动速度 v_2

设抛物线 $y = \dfrac{x^2}{40000} - \dfrac{13x}{400} + 12.5$，$D_0 = 25\text{mm}$，$v_1 = 20\ \text{mm/min}$，离散数据如表 3. 3 所列，该离散数据的图形显示如图 3. 24 所示。

表 3. 3 数据表 3

v_2	t	k	b
116. 4316	1. 450838	−63. 2731	208. 2306
84. 47172	1. 955949	−37. 5876	157. 9911
65. 33333	2. 465117	−24. 753	126. 3523
52. 6062	2. 979282	−17. 4266	104. 5249
43. 54307	3. 499357	−12. 8548	88. 52661
36. 77029	4. 026225	−9. 81367	76. 28233

根据表 3. 3，可得 v_2 关于 t 的分段函数

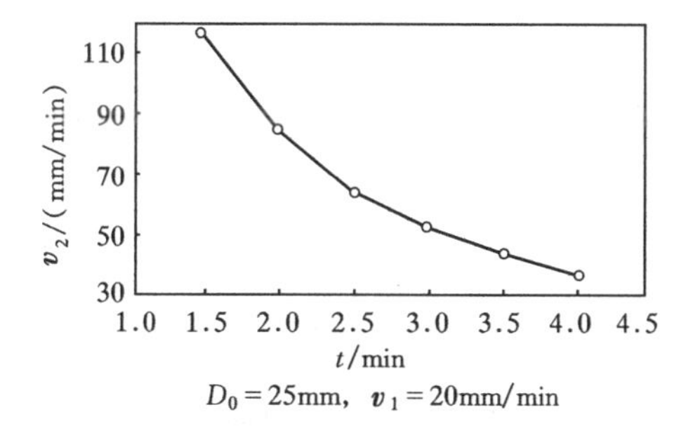

图3.24　反向拉伸冷热源移动速度 v_2 随时间 t 的变化规律

$$\begin{cases} v_2 = -63.2731t + 208.2306, & 1.45 \leqslant t \leqslant 1.95, \\ v_2 = -37.5876t + 157.9911, & 1.95 < t \leqslant 2.46, \\ v_2 = -24.7532t + 126.3523, & 2.46 < t \leqslant 2.97, \\ v_2 = -17.4266t + 104.5249, & 2.97 < t \leqslant 3.49, \\ v_2 = -12.8548t + 88.52661, & 3.49 < t \leqslant 4.02, \\ v_2 = -9.81367t + 76.28233, & 4.02 < t \leqslant 4.56 \end{cases}$$

3.5.13　反向拉伸，保持冷热源移动速度 v_2 不变而改变拉伸速度 v_1

设抛物线 $y = \dfrac{x^2}{40000} - \dfrac{13x}{400} + 12.5$，$D_0 = 25\text{mm}$，$v_2 = 20\ \text{mm/min}$，离散数据如表3.4所列，该离散数据的图形显示如图3.25所示。

表3.4　数据表4

v_1	t	k	b
6.122449	2.515117	2.880817	1.123142
7.603666	3.029282	3.043102	1.614749
9.186307	3.549357	3.21151	2.212489
10.87835	4.076225	3.386438	2.925535
12.68845	4.610741	3.568347	3.76427
14.62604	5.153733	3.757763	4.740469

根据表3.4，可得 v_1 关于 t 的分段函数

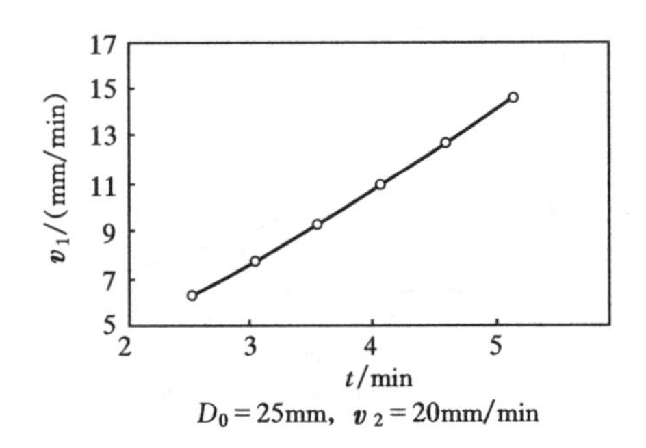

图 3.25 反向拉伸拉伸速度 v_1 随时间 t 变化规律

$$\begin{cases} v_1 = 2.880817t + 1.123142, & 2.51 \leqslant t \leqslant 3.02, \\ v_1 = 3.043102t + 1.614749, & 3.02 < t \leqslant 3.54, \\ v_1 = 3.211512t + 2.212489, & 3.54 < t \leqslant 4.07, \\ v_1 = 3.386438t + 2.925535, & 4.07 < t \leqslant 4.61, \\ v_1 = 3.568347t + 3.764273, & 4.61 < t \leqslant 5.15, \\ v_1 = 3.757763t + 4.740469, & 5.15 < t \leqslant 5.70 \end{cases}$$

由于给定的分段区间的长度大约为 0.5s，相对的误差估计可以给出

$$|R(x)| = |f(x) - \phi(x)| \leqslant \frac{h^2}{8} m \tag{3-31}$$

在式(3-31)中，$h^2 \approx 10^{-1}$，$1/8 \approx 10^{-1}$，那么总体的误差大约为：$10^{-2}m$。其中 m 为原始关系式 $V = f(t)$ 中函数 $f(x)$ 的二阶导数的最大值。由于 $f(x)$ 为连续函数，故在有限区间上的变化相对平稳，m 的实际取值与断面减缩率 R_s 以及工件的原始直径 D 相关。图 3.26 为任意变截面管件无模拉伸曲线拟合程序框图。

当输入初始条件时，系统便可根据该框图的程序自动计算出每一时刻的拉伸速度。

在应用加工设备进行实际加工的过程中，就是采用上述的插值模型分别得到了各个时间段上的主拉伸电机的理论速度值，并通过对步

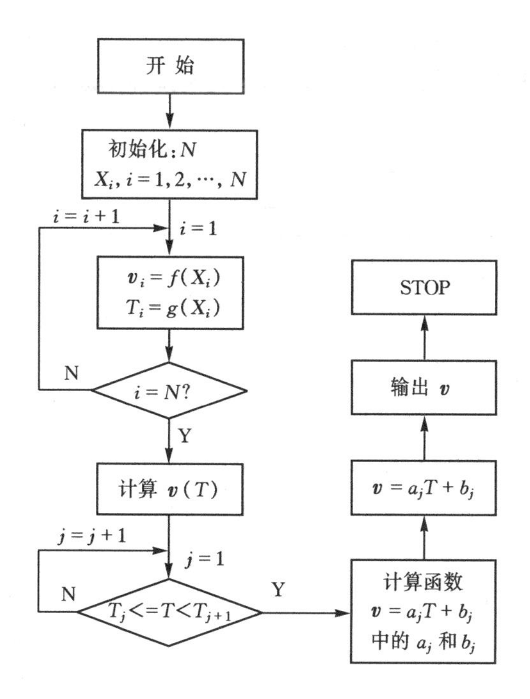

图 3.26　任意变截面管件无模拉伸曲线拟合程序框图

进电机的控制，将冷热源的移动速度控制在这个范围内，最终得到理想的加工结果。

3.6　无模拉伸速度控制数学模型研究

3.6.1　锥形管无模拉伸

根据锥形管无模拉伸的理论，可获得有关锥形管无模拉伸速度数学模型及相关工艺参数。研究结果表明，对于锥形管的无模拉伸，无论是保持 v_1 值不变而改变 v_2 值或是保持 v_2 值不变而改变 v_1 值，其速度变化规律都不是线性的，而具有其独特的规律性。

实验所采用的材料为 $\Phi14 \times 3$ 低碳钢管，拉伸试件有关参数如表

3.5 所示。对于锥形管的无模拉伸，一种是冷热源移动速度 v_2 保持一定值，通过改变拉伸速度 v_1 值来调节无模拉伸的断面减缩率，从而获得所需的锥形管；另一种是保持拉伸速度 v_1 为一定值，通过改变冷热源移动速度 v_2 来形成锥形管。

表 3.5 无模拉伸试件参数

试件号	零件形状或表面形状函数	锥半角/(°)	试件直径/mm	最大断面减缩率/%	外形直径最大误差/%	变 v_1 或 v_2	总长度/mm	理论最大断面减缩率/%
1	锥形管	0.19	14	29.86	8.5	v_2	195	29.4
2	锥形管	0.186	14	29.44	8.8	v_1	200	29.4
3	锥形管	0.20	14	31.94	7.1	v_1	200	31.9
4	锥形管	0.40	14	52.73	6.8	v_2	180	52.2
5	锥形管	0.40	14	52.40	5.9	v_1	180	52.2
6	锥形阶梯管	0.25	14	33.98	6.3	v_1	180	33.7
7	$y=(x-600)^2/90000$		14	35.60	7.6	v_2	180	35.2
8	$y=x^2/10000+4$		14	45.60	7.5	v_2	180	45.1
9	$y=(x-600)^2/90000$		14	49.06	6.9	v_1	180	49.2
10	$y=x^2/10000+4$		14	49.20	6.7	v_1	180	49.2

对于锥形管的无模拉伸实验研究，根据锥形管无模拉伸速度数学模型，采用线性加减速度方式，成功地拉伸出了锥形管和锥形阶梯管，结果其实际外形尺寸与理论外形尺寸吻合较好，如图 3.27 所示。

3.6.2 母线为抛物线的管件无模拉伸

对抛物线形管的无模拉伸实验研究，其速度取值依据数学模型进行。其成形原理也是通过改变 v_1 或 v_2 来获得断面减缩率发生连续变化的管件。实验根据数学模型，采用线性加减速的方法。实验结果表明，实际外形尺寸与理论外形尺寸吻合较好，如图 3.28 所示。

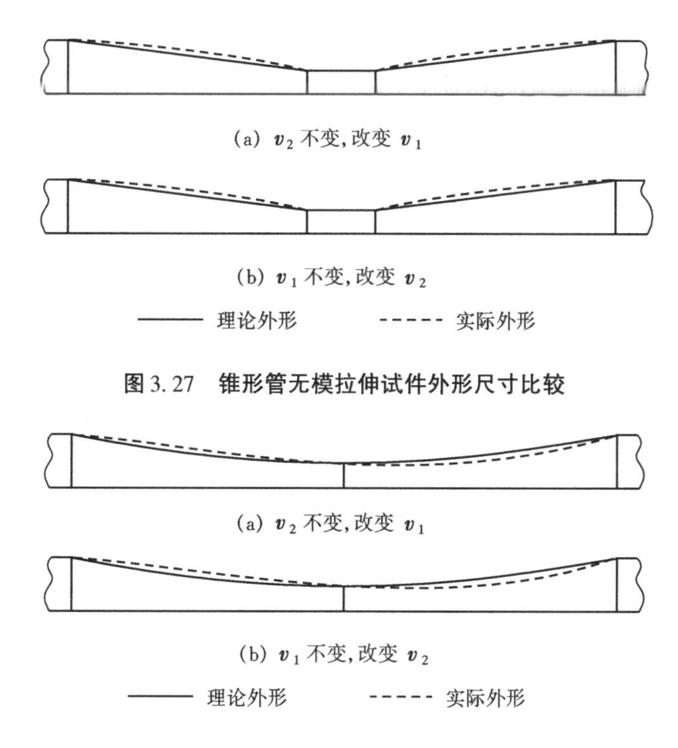

图3.27　锥形管无模拉伸试件外形尺寸比较

图3.28　抛物线形管无模拉伸试件外形尺寸比较

本章参考文献

[1] 夏鸿雁,吴迪,栾瑰馥.变截面管无模拉伸成型方法[J].热加工工艺,2009,38(9):63-65.

[2] Z T Wang, G F Luan, G R Bai, et al. The study on the dieless drawing of variable section tube part[J]. Journal of Materials Processing Technology, 1996, 59(4):391-396.

[3] 夏鸿雁,吴迪,栾瑰馥.确定锥形管无模拉伸速度制度的数学模型[J].东北大学学报,2009,30(6):833-836.

[4] Wang Z T, Zhang S H, Xu Y, et al. Experimental study on the variation of wall thickness during dieless drawing of stainless steel tube[J]. Journal of Ma-

terials Processing Technology, 2002, 120:90 - 93.

[5] 易大义,陈道琦.数值分析引论[M]. 杭州:浙江大学出版社, 1998.

[6] 杰拉尔德,惠特莱.应用数值分析[M].北京:机械工业出版社, 2006.

第4章　无模拉伸速度计算机控制系统

本章在锥形管、抛物线形管和任意变断面管件无模拉伸速度变化数学模型的基础上，充分利用先进电机的特点，进一步开发和利用现有无模拉伸机，建立无模拉伸速度计算机控制系统，通过改变输入控制参数，构造和加工出任意变断面管件，并实现高精度、柔性无模拉伸工艺。

4.1　步进电机计算机控制的基本概念

步进电机是一种用电脉冲信号进行控制，并将电脉冲信号转换成相应的角位移或线位移的控制电机，它由专用电源产生的电脉冲驱动，每输入一个脉冲，步进电机就前进一个步进角位，这种电机的运动形式与普通匀速旋转的电动机又一定的差别，它是步进式运动的，所以称为步进电机。又因其绕组上所加的电源是脉冲电压，有时也称它为脉冲电动机。

步进电动机是受脉冲信号控制的，因此它适合于作为数字控制系统的伺服器件。它的直线位移量或角位移量与电脉冲成正比，所以电机的线速度或转速也与脉冲频率成正比，通过改变脉冲频率的高低就可以在很大的范围内调解电机的转速，并能快速启动、制动或反转；用同一频率的脉冲电源控制几台步进电动机，它们可以同步运行；步进电动机中有些形式在停止供电状态下还有定位转矩，有些在停机后某些相绕组仍保持通电状态；具有自锁能力，不需要机械的制动装置；步进电动机的步角矩和转速大小不受电压波和负载变化的影响，也不受环境条件如温度、气压、冲击和振动的影响；它仅与脉冲频率有关，它每转一周都有固定的步数，在不丢步的情况下运行，其步距误差不会长期积累。这些特点使它完全适应在数字控制的开环系统中作为伺服元件，并使整个系统大为简化而又运行可靠。当采用了速度和位置检测装置后，它也可以用于闭环系统中。

步进电机是数控技术发展以来使用最为广泛的一种轴角驱动器件。步进电机一般适用于负载变化较小、速度突跳要求不的高中小功率驱动系统中。另外，步进电机还具有以下优点。

① 步进电机的转速仅取决于脉冲频率，而不受电压高低、电流大小的影响，也不受环境温度变化的影响。

② 步进电机的步距误差不会长期积累，每转一周积累误差自动变为零。

③ 易于采用脉冲数字信号进行控制，启动、停止、反转及其他运行方式的改变，都可以在少量的脉冲周期内完成，并且具有定位转矩。

④ 能满足速度线性上升的要求。

⑤ 属直流电机，控制原理和使用的变流器简单。

步进电机的控制（位置和速度）程序包括方向、步数、升频、降频、恒频等内容。因实际工作要求不同而异，往往比较复杂，用硬件组合电路非常困难。而这种电路一旦构成，如再要变动控制方案时必须重新设计，灵活性差，成本高且电路不易统一。而用计算机控制其位置和速度灵活又方便。计算机控制系统基本上分二种：开环系统和闭环系统。

4.2 速度控制原理

步进电机转过一步的角步距 θ 是由转子的齿数、定子控制绕组的相数和通电方式决定的，其公式为

$$\theta=\frac{360^{\circ}}{MZC}$$

式中：M——相数；

Z——转子的齿数；

MC——运行拍数；

C——取值1与2，即对M相控绕组来说，可以M拍运行或$2M$拍运行。

若步进电机通电的脉冲频率为f(拍/s)，则其转速为

$$n=\frac{\theta f}{360°}=\frac{f}{MZC}\ (\text{r/s})$$

由于定子控制绕组相数M和转子的齿数Z一定，那么调解转速只能改变f和C。C的值通常为1或2，改变C值只能进行二级调速，所以用改变定子绕组的通电脉冲频率f进行调速比较方便，而且实际。

例如：110BF001型三相步进电机的n_0与f_0间的关系为

$$n_0=\frac{f_0}{8}(\text{s}^{-1})$$

步进电机的速度控制，通常是用阶梯直线去逼近连续速度变化曲线。步进电机在各阶梯直线上恒频步进，最后达到要求的速度变化曲线。这样，在一个阶梯上，对应的步进数和频率可用计算机的可编程T_0作定时器产生的脉冲来决定，也就是控制步进电机在T_0的不同的定时常数下的运行步骤。频率–步长关系可作表存入计算机内存。步进电机的转速控制通常有二种方式：直接控制方式和中断控制方式。直接控制方式是通过程序延时的方法来直接控制步进电机的转速，即CPU送出前一组数据后，就进入程序延时，延时到再取第二组数据送出。那么，通过改变延时系数就可以改变步进电机转速。采用这种方式，可方便地实现步进电动机的自动升、降速控制。中断控制方式就是利用一个外加变频振荡器，其输出脉冲作中断信号从接口输入或利用T_0定时中断的方法，中断一次就更换一次输出模型的数据。调节振荡器的频率或改变T_0定时的时间常数就可以调解步进电机的转速。采用这种方式，操作者可根据不同工况随

时调节振荡器频率或 T_0 定时时间常数，从而控制步进电机到合适的转速上。

4.3 开环控制系统

开环系统的特点是系统的输出量对系统的控制作用没有影响。控制作用直接由系统的输入量产生，这种控制系统结构简单，系统的输出量不被用来与参考输入进行比较。因此，对于每一个参考输入量，便有一个相应的工作状态，其控制精度取决于系统各组成环节的精度。

利用计算机编程的方式实现控制，可以靠软件改变控制方式，灵活性高、成本低。随着计算机的不断发展和普遍应用，编程方式控制步进电机日趋广泛。

图 4.1 是两种不同控制方式的框图。图 4.1(a)为逻辑配线方式开环控制步进电机框图，图 4.1(b)为用计算机控制程序方式框图。

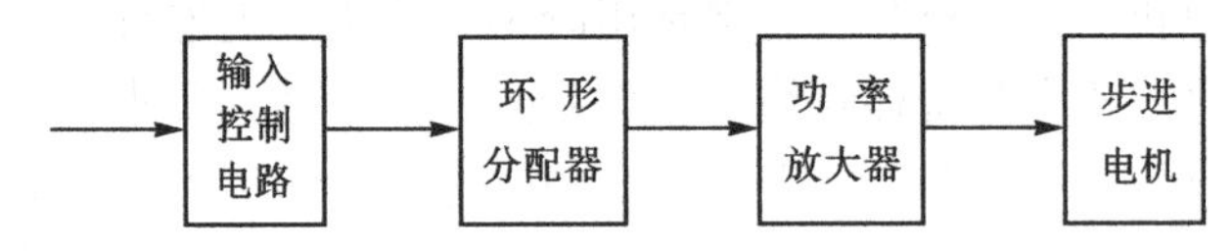

(a) 逻辑配线方式开环控制步进电机框图

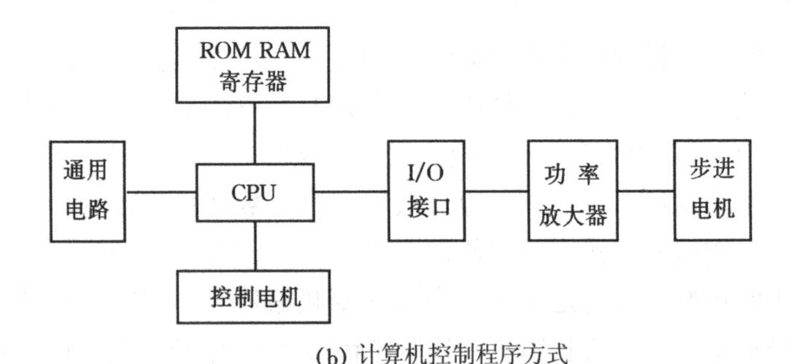

(b) 计算机控制程序方式

图 4.1 控制方式框图

4.4　闭环控制系统

闭环控制系统的特点是系统的输出量对系统的控制作用有影响，即系统的输出量（被控对象）对控制作用有直接影响。系统的输出量反馈到系统的输入端与给定值进行比较而形成“反馈”，根据输出与输入量的差值而经调节器调节，使输出值等于给定值。

开环控制步进电机的驱动系统，输入的脉冲不依赖于转子的位置，而是事先按一定规律给定，其缺点是电机的输出转矩和速度在很大程度上取决于驱动电源和控制方式，对于不同的电机或同一类电机不同的负载，很难找到通用的加减速规律，因此使提高步进电机的性能指标受到限制。

闭环控制是在直接或间接地检测转子的位置和速度后，通过反馈和适当的处理，自动给出驱动脉冲链，步进电机的输出转矩是励磁电流和失调角的函数，为了获得较高的输出转矩，必须考虑电流的变化和失调角的大小，这对于开环来说较难实现。

闭环控制系统如图4.2所示，采用光电脉冲编码器作为位置反馈元件，光电脉冲编码器具有输出信号电平高、波形好、抗干扰能力强、稳定性好等优点。信号通过延时处理后，可以很方便地改变切换角，从而提高电机运行的频率。

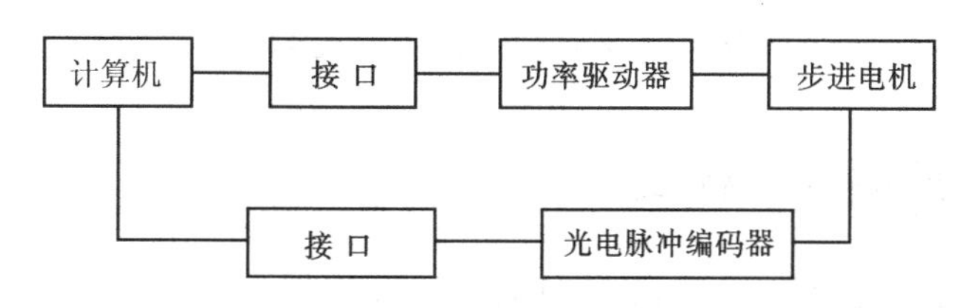

图4.2　步进电机闭环控制系统框图

一般来说，选用闭环系统的控制精度要远远高于开环系统，步进电机的开环系统由于简单、经济，在控制系统中得到了广泛的应用。但是某些场合，采用开环控制系统无法实现对系统的快速、精确的位置控制。

在变断面管件无模拉伸时，经过研究决定选用开环系统比较合理，并且选用开环系统和闭环系统差别不大，其原因有以下几个方面：

(1) 脉冲频率的影响。影响电机控制精度的主要方面是失步现象，从文献上看，有实验说明，在低频特性（<1000pps）下，闭环与开环比较，运行质量提高不明显，而本实验设备运行速度低，属低频范围。

(2) 力矩变化的影响。力矩的变化对控制精度产生影响，在实验装置中，如果选用冷热源作为控制对象，冷热源只受传动摩擦力的作用，其受力原理基本不变，不会影响控制精度。本系统选用开环系统就可以达到精度要求。

计算机的闭环控制线路如图 4.3 所示。

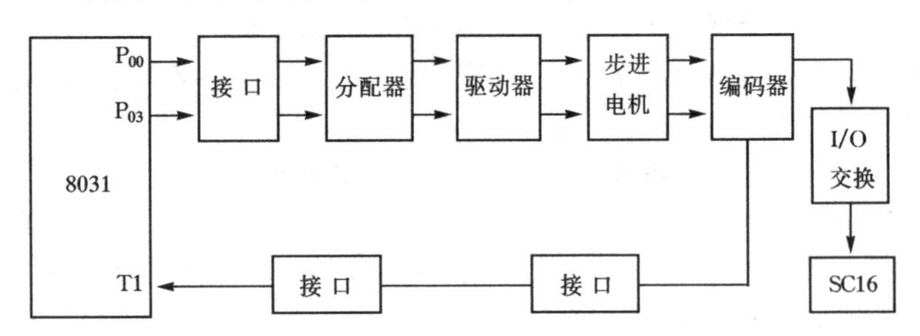

图 4.3　步进电机闭环控制线路图

4.5　速度控制模式

步进电机的速度控制电路大体有两种方式。

第一种：电机的控制电路全由逻辑元件组成，即采用硬件方式构成。这种电路一旦构成，假如再需要变动一下控制方案，必须重新设计。因此，灵活性差、成本高，电路不宜统一。

以三相步进电机为例，其通电方式有以下几种。

（1）单三拍通电方式：通电顺序为 A—B—C—A，步矩角为 30°　该方式易失步

（2）双三拍通电方式：通电顺序为 AB—BC—CA—AB，步矩角为 30°，它克服了单三拍在平衡位置产生振荡的缺陷，运行稳定性较好。

（3）三相单双六拍通电方式：通电顺序为 A—AB—B—BC—C—CA—A，步矩角为 15°。

（4）小步矩角的三相反应式步进电机，通过改变定子极数来改变步矩角，步矩角最小可达 3°。目前我国生产的步进电机步矩角由 0.375°到 90°，相数最多为六拍，否则，电源复杂，造价高。

如果采用硬件控制方式，每一种通电方式都必须配上一套相应的驱动电源，步进电机及驱动电源是一个相互联系的整体，步进电机的运行性能是由电动机和驱动电源两者配合所反映出来的综合效果。

步进电机的驱动电源包括变频信号源、脉冲分配器和脉冲放大器三个部分，如图 4.4 所示。

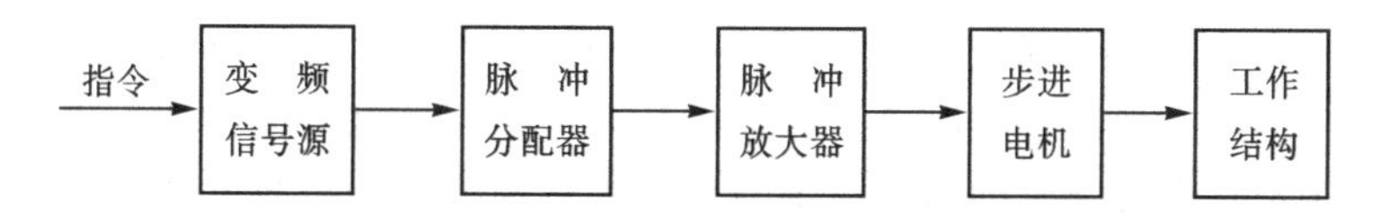

图 4.4　步进电机驱动电源框图

变频信号源是一个脉冲频率由几赫到几千赫可连续变化的信号发生器，脉冲分配器是由门电路和双稳定触发器组成的逻辑电路，它根据逻辑关系加到脉冲放大器上，使步进电机按照确定的方式工作。

图 4.5 是一种三相单双六拍单转向运动的反应式步进电机驱动电源的逻辑图。

由此可见，上述方法不适合本课题灵活多变的要求，这种硬件电路构造复杂，且不宜改变控制方式，操作很不灵活。

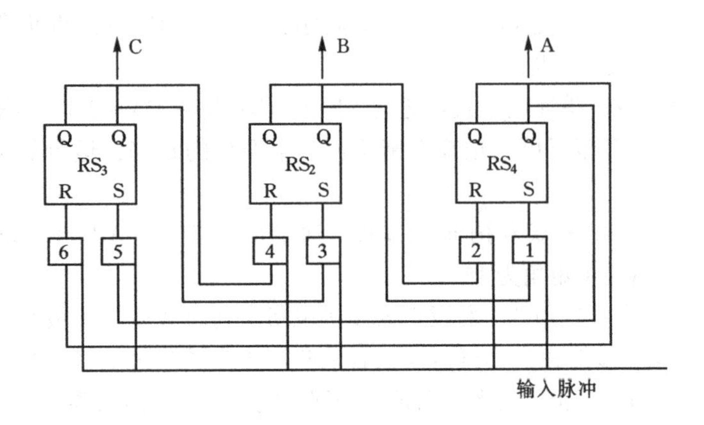

图 4.5 步进电机驱动电源逻辑图

第二种：利用计算机程序的方式实现控制，即靠软件改变控制方式。

这种方法灵活性高，成本也低。随着计算机的发展和普遍使用，编程方式控制步进电机已越来越多。计算机控制步进电机的优点是以改变软件来实现多样性的控制，特别适合下列几种情况的应用。

(1) 控制对象已和计算机构成系统，很方便地就可以插入一条程序，用来控制步进电机，无论是开环还是闭环都可以采用。步进电机本身由数字脉冲信号驱动，与计算机连接比较容易，省去了一些转换装置。

(2) 用同样一台步进电机实现多种控制，如整步驱动、半步驱动、细分驱动等。

(3) 具有典型运动规律的情况，如运动—升速—匀速运动—降速—停止，用计算机控制很容易实现，改变加减速率，各段脉冲分配很容易。

4.6 无模拉伸速度计算机控制系统

无模拉伸时的断面减缩率只与拉伸速度和冷热源移动速度的比

值有关。变断面细长件的纵向断面尺寸也只与拉伸速度和冷热源移动速度的比值有关。因此，为了提高加工件的尺寸精度，必须准确控制冷热源移动速度。对于现有无模拉伸设备，拉伸主电机功率为7.5kW，冷热源横移驱动电机为0.25kW。由于在无模拉伸过程中冷热源移动驱动电机运动阻力只有冷热源工作台板与导轨之间的摩擦力，且近似为一常数，对电机转速不会有什么影响。另外，考虑控制精度、成本等诸多因素，拟定将小电机换成步进电机，通过计算机控制步进电机转速的方法来实现无模拉伸时对冷热源移动速度的计算机控制，如图4.6所示。

变断面管件无模拉伸采用了可编程控制器（PLC）与硬件环形分配器构成步进电机开环控制系统。开环系统的特点是系统的输出量对系统的控制作用没有影响，控制作用直接由系统的输入量产生。这种控制系统结构简单，系统的输出量不被用来与参考输入进行比较。因此，对于每一个参考输入量，便有一个相应的工作状态，其控制精度取决于系统各组成环节的精度。

在加工变断面管件时，采用了分段多项式逼近的方式对冷热源移动电机的速度变化曲线进行拟合，所以系统的输入量能预先知道。在这种情况下，采用开环系统，无论是控制系统的结构还是控制编程都相对简单。控制系统的构建方式如图4.7所示。

图中PLC是控制系统的主体，所有的控制指令都是通过它来发出的，步进电机驱动器是一个集成了环形分配器的硬件逻辑，可以把PLC发出的控制指令按照步进电机的步进角转换成各组脉冲输出。

采用上述的控制系统具有如下特点。

（1）冷热源移动的步进电机能单独开停，并能正转、反转运行。

（2）可按各种形状工件（如锥形件、抛物线形件）外形曲线的不同，根据它们不同的速度变化模型，通过PLC编程输入不同的速度控制参数，来方便地进行速度控制。

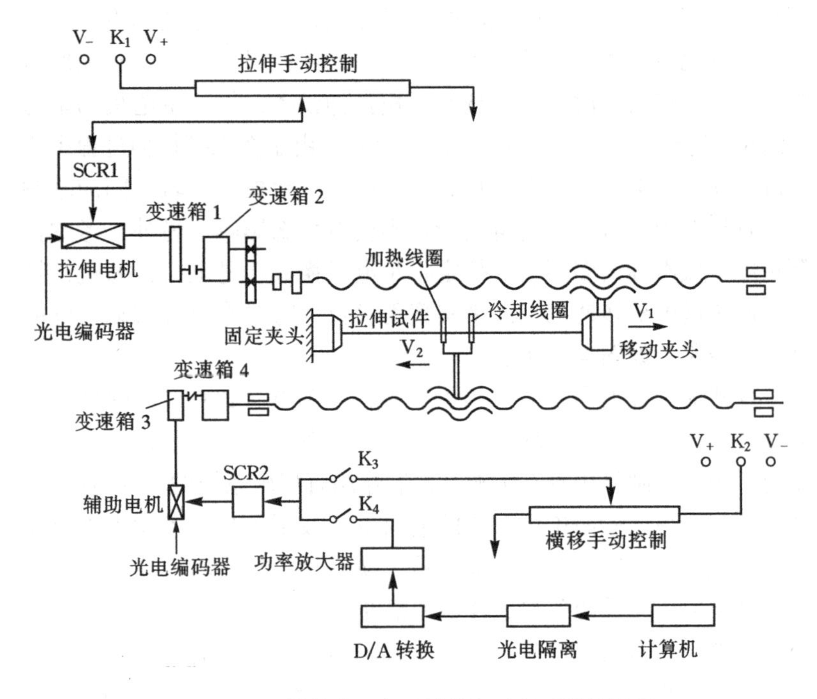

图 4.6　无模拉伸设备及计算机控制系统结构图

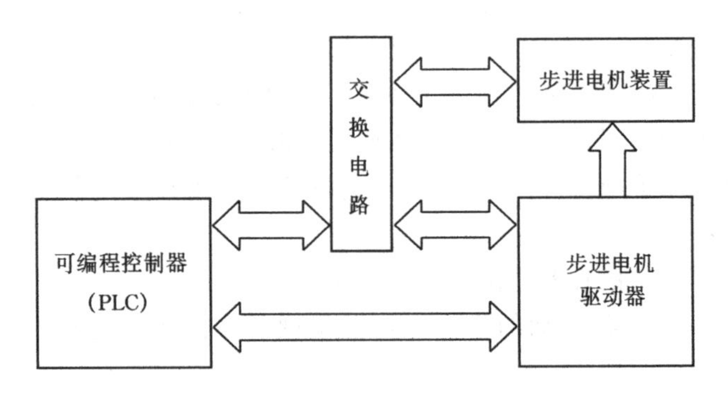

图 4.7　控制系统的构建

(3) 用一台步进电机实现多种控制，如整步驱动、半步驱动、细分驱动，只要通过对 PLC 的编程就能实现。

（4）可控制实现步进电机的抱闸态和自由态以及禁止/允许启动状态。

（5）该系统从信号的接受到信号的输出（给步进电机）的时间短，灵敏度高，时间间隔的误差累积小。

本章参考文献

[1] 王鸿钰．步进电机控制技术入门[M]．上海:同济大学出版社,1990.

[2] 李忠杰,宁守信．步进电机及其应用技术[M]．北京:机械工业出版社,1984.

[3] 陈理璧．步进电机及其应用技术[M]．上海:上海科技出版社,1984.

[4] 扬渝现．控制电机[M]．北京:机械工业出版社,1989.

[5] 谢维成,杨加国．单片机原理与应用及 C51 程序设计[M]．北京:清华大学出版社, 2006.

[6] 苏家健,曹柏荣,汪志锋．单片机原理及应用技术[M]．北京:高等教育出版社, 2004.

[7] 贾好来．S－51 单片机原理及应用[M]．北京:机械工业出版社, 2007.

[8] 姜志海．单片机原理及应用[M]．北京:电子工业出版社, 2005.

第5章　锥形方管无模成形

过去，锥形方管是由板料冲压成形后焊接而成的，其生产效率低，成品尺寸精度差。本章通过实验讨论用无模拉伸方法加工锥形方管，研究变形区域宽度等工艺参数对方管断面形状、锥形方管锥度等的影响规律。

5.1　锥形方管无模拉伸实验方法

在实验中，为使锥形管变形明显，尝试在无模拉伸时，就其锥度加工连续速度控制及阶段速度控制两种方法进行研究。

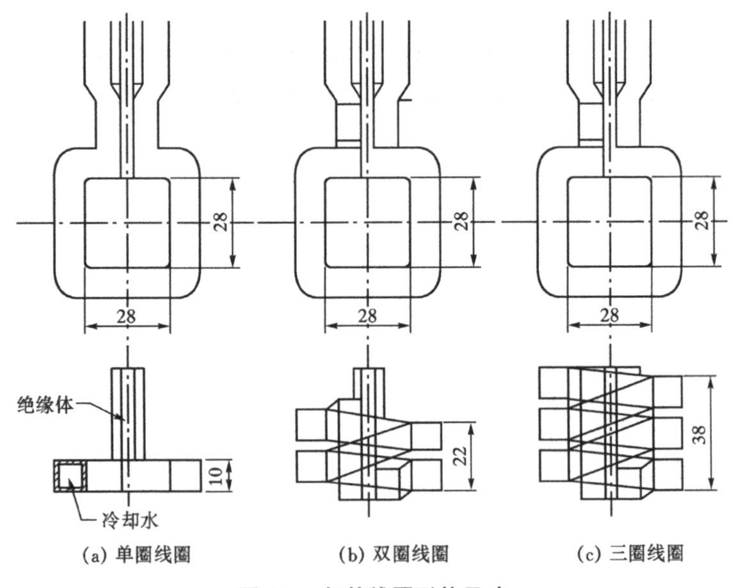

图5.1　加热线圈形状尺寸

在实验中使用的是20mm×20mm，壁厚1.2～2.3mm的普通碳素方形钢管。拉伸速度v_1为5.0～25mm/min，加热线圈移动速度v_2为40～75mm/min，加工温度为800℃，实验在无模拉伸实验机上进行。

图5.1中给出了加热线圈的形状和尺寸，实验中采用的加热线圈有3种，线圈宽分别为10，22，38mm，在加热线圈上设有空气冷却装置，空气冷却器有6个直径为1mm的喷嘴，使压缩空气在0.05MPa时进行实验。图5.2给出了空气冷却器的形状和尺寸。

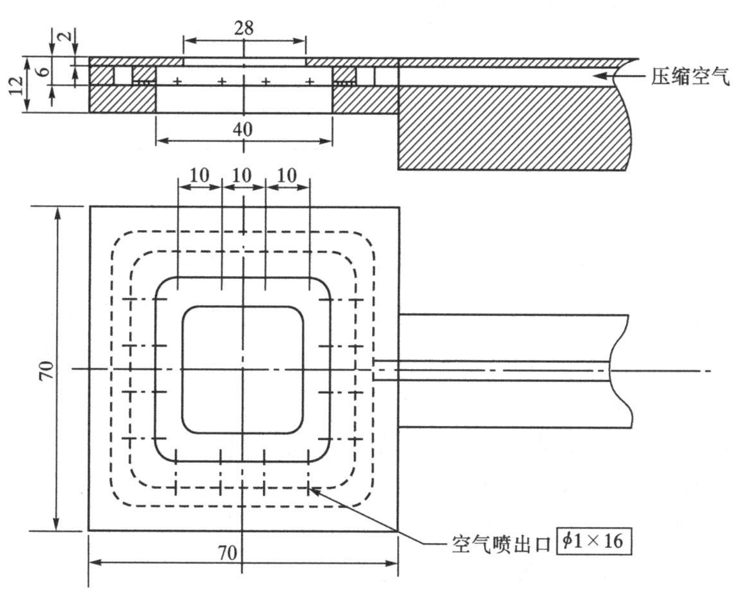

图5.2　空气冷却器形状尺寸

5.2　方管断面变形情况

图5.3给出了方管边长L与断面减缩率R_s的关系。在进行方管无模拉伸时，即使断面减缩率是一定的，对于不同的线圈宽度(变

形宽度)，锥管的边长也是不同的，加热线圈圈数越多，变形宽度越大，边长减少量越大。

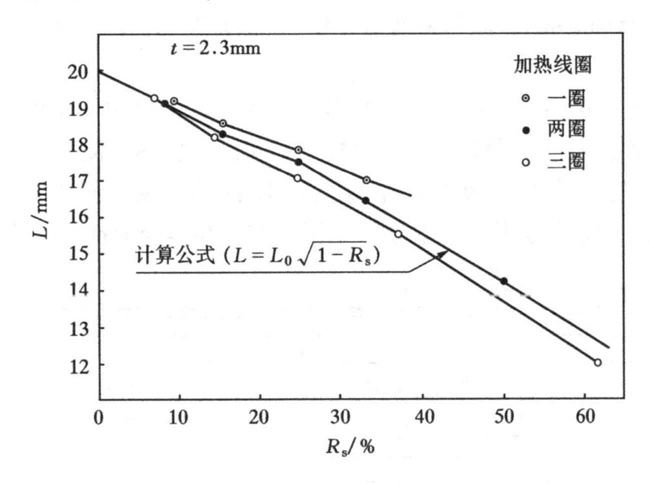

图 5.3 方管边长 L 与断面减缩率 R_s 的关系

方管无模拉伸时，即使断面减缩率一定，变形宽度的不同，方管的边长、壁厚也可得一系列值。另外，在方管拉伸时，还有方管的断面形状缺陷(锥管的边胀形)问题发生。因此，还要了解变形宽度对拉伸后方管的断面尺寸及形状缺陷的影响。

图 5.4 给出了加工前后方管的断面形状，拉伸后方管断面形状趋向圆形。设无模拉伸后的方管的边长减少率为 ξ，壁厚减少率为 β，断面形状缺陷膨胀率为 η，定义如下

$$\xi = \frac{L_0 - L_2}{L_0} \times 100 \tag{5-1}$$

$$\beta = \frac{t_0 - t}{t_0} \times 100 \tag{5-2}$$

$$\eta = \frac{L_1 - L_2}{2L_2} \times 100 \tag{5-3}$$

方管拉伸时，ξ，β，η 受变形宽度 W 的影响。

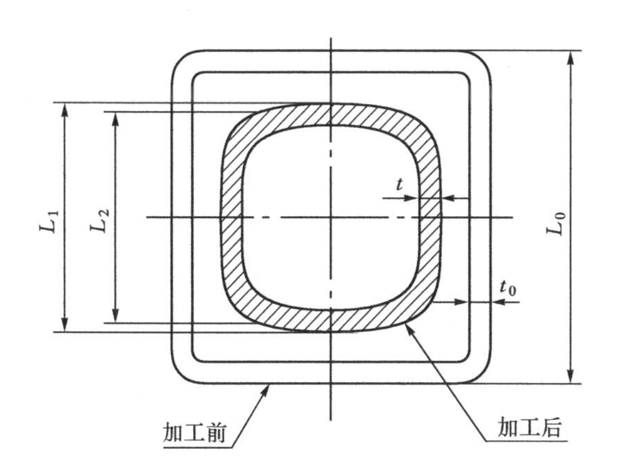

图 5.4　加工前后方管断面形状

图 5.5 所示为断面减缩率为 20%，即 $v_1/(v_1+v_2)=0.2$ 时，方管变形宽度 W 与边长减少率 ξ 之间的关系。边长减少率 ξ 随着变形宽度 W 的增加而增加，W 越大，ξ 也越大。

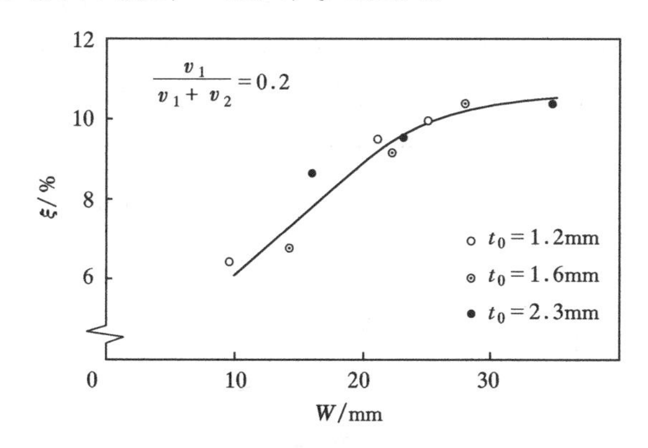

图 5.5　边长减少率 ξ 与变形宽度 W 的关系

图 5.6 给出了断面减缩率为 20%，即 $v_1/(v_1+v_2)=0.2$ 时，方管壁厚减少率 β 与变形宽度 W 之间的关系，变形宽度 W 越小，则壁厚减少率 β 越大。

实验结果表明，变形宽度较小时，主要是管的壁厚减小；变形

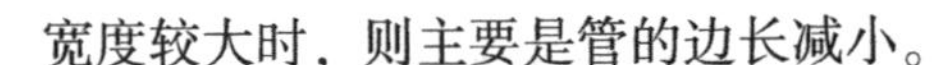
宽度较大时，则主要是管的边长减小。

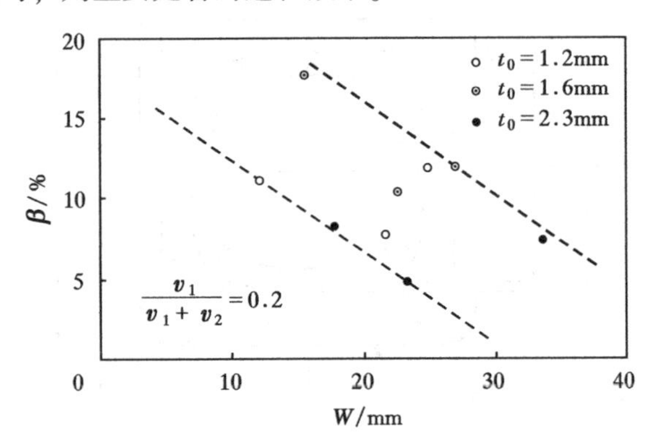

图 5.6　壁厚减少率 β 与变形宽度 W 的关系

图 5.7 给出了断面减缩率为 20% 时，管断面形状缺陷膨胀率 η 与变形宽度 W 之间的关系。即使壁厚 t_0 不同，随着变形宽度 W 的增大，断面形状缺陷膨胀率 η 减小。另外，壁厚 t_0 较大时断面形状缺陷膨胀率 η 较小。例如，当 $t_0=2.3$mm 时，若 $W=33$mm，即当壁厚和变形宽度都比较大时，则几乎不产生膨胀现象。

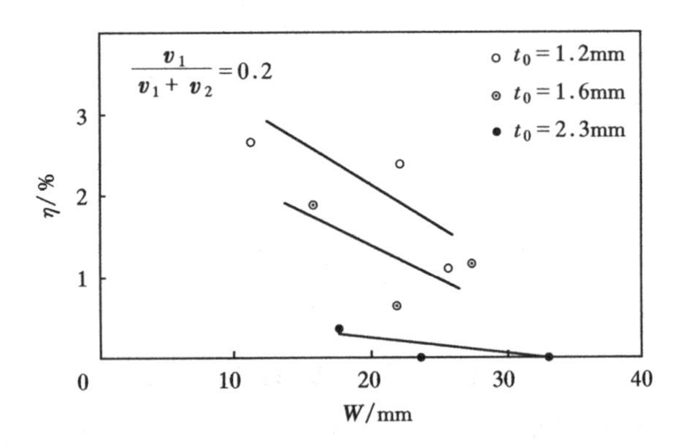

图 5.7　断面形状膨胀率 η 与变形宽度 W 的关系

5.3　锥形方管锥度变化

5.3.1　连续速度控制(v_2 连续变化)

无模拉伸时断面减缩率由拉伸速度 v_1 与冷热源移动速度 v_2 的比值决定，拉伸中无论使 v_1 或 v_2 哪一个发生变化，锥度加工都是可能的，如图5.8所示。

将直径为 D_0 的圆管加工成锥角为 ϕ 的锥管时，距加工开始点 Z 处锥管的直径 D 表示为

$$D = D_0 - 2Z\tan(\phi/2) \tag{5-4}$$

断面减缩率 R_s 为

$$R_s = 1 - \left(\frac{D}{D_0}\right)^2 = \frac{v_1}{v_1 + v_2} \tag{5-5}$$

代入整理，可得

$$\frac{v_1}{v_2} = \left\{\frac{1}{\left[1 - 2\left(\frac{Z}{D_0}\right)\right]\tan\left(\frac{\phi}{2}\right)}\right\}^2 - 1 \tag{5-6}$$

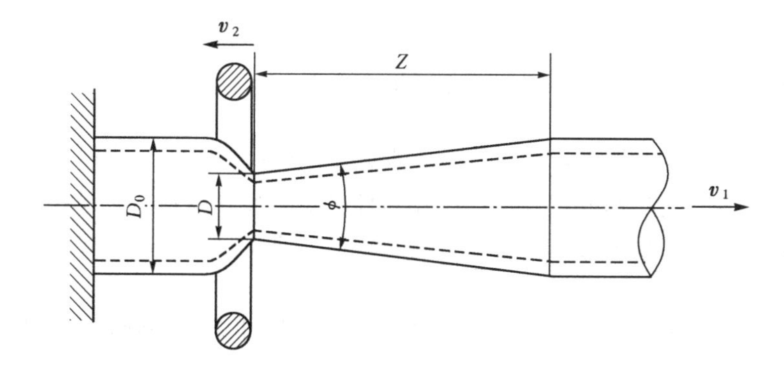

图5.8　锥管无模拉伸方法

图5.9中给出了式(5-6)中的具体实例，距加工开始点 Z 处速度比 v_1/v_2 的计算结果如图中所示。根据计算速度比值，精确控制速度变化，就可以实现高精度的锥形管无模拉伸。对于锥形方管，将式(5-5)中直径 D_0 用边长 L_0 代替即可。

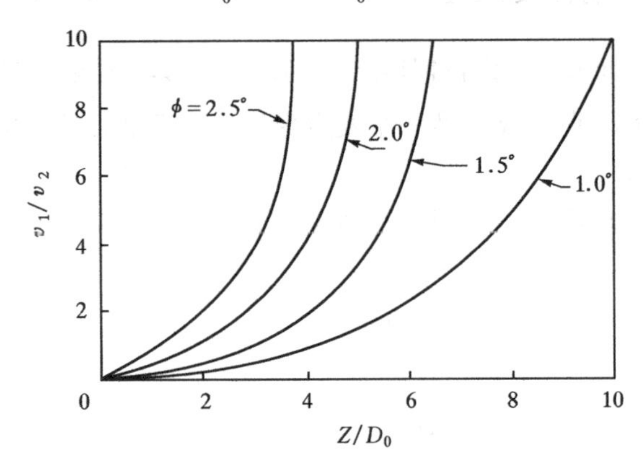

图5.9 与加工开始点相对距离 Z/D_0 与速度比 v_1/v_2 之间的关系

在实验中，为控制断面形状缺陷，可以采用3圈加热线圈(变形宽度 $W=33\text{mm}$)进行无模拉伸加工。图5.10给出了拉伸速度为10mm/min，加工开始时加热线圈移动速度分别为50，72，75 mm/min时的锥形方管加工实例，没有膨胀现象，拉伸状态良好。

5.3.2 阶段性速度控制(v_1 阶段性变化)

如图5.9所示，使冷热源移动速度 v_2 或拉伸速度 v_1 连续变化加工锥度，速度呈非线性，难以控制且实验装置较为复杂，因此作为简易加工锥度的方法，讨论 v_2 为一定值，使拉伸速度 v_1 阶段变化的方法。

在实验中，使冷热源移动速度方向与拉伸方向一致进行拉伸，这时，断面减缩率

$$R_s=v_1/v_2 \tag{5-7}$$

图5.11中给出了锥形方管加工后边长相对轴向尺寸的变化，此

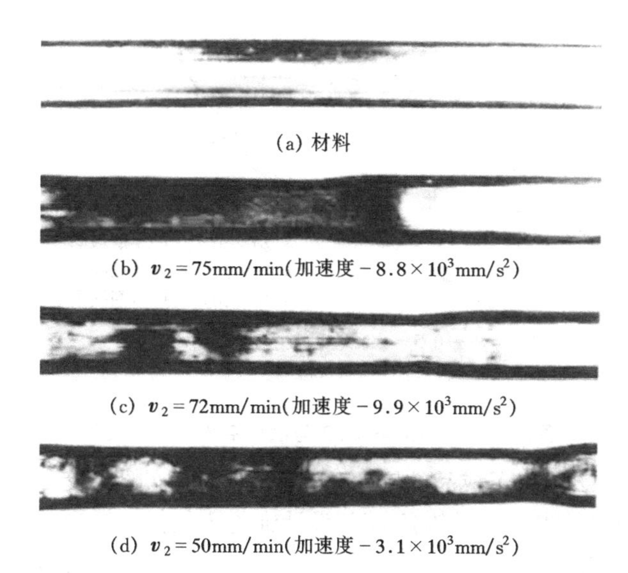

图 5.10　无模拉伸锥管加工实例

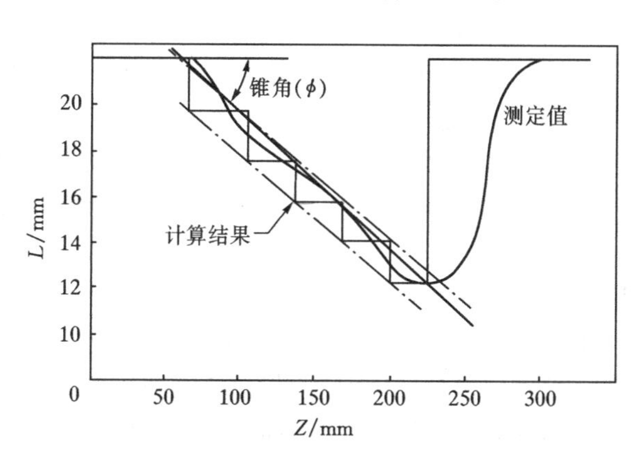

图 5.11　边长 L 相对轴向尺寸 Z 的变化

时采用 2 圈加热线圈，v_2 为 40mm/min，使 v 以 40s 的时间间隔按 5—10—15—20—25(mm/min)变化，锥形方管加工后的轮廓与 v_1 控制曲线的计算结果一致性很好。

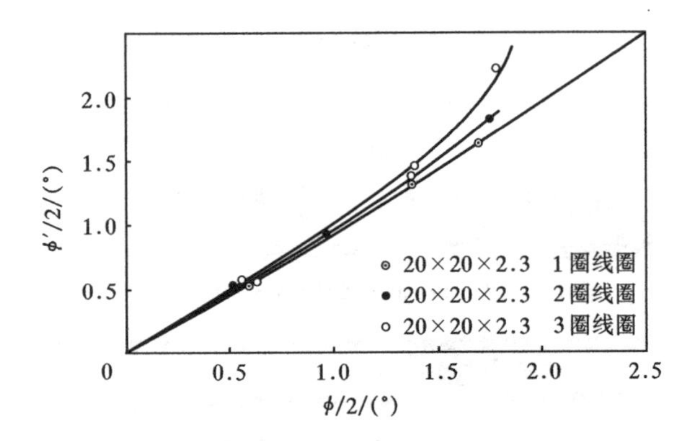

图 5.12 成品锥角 $\phi'/2$ 与设计锥角 $\phi/2$ 的关系

图 5.12 给出了成品的锥角 ϕ' 与设计锥角 ϕ 的比较。加热线圈为 1 圈或 2 圈其成品的锥角 ϕ' 与设计锥角 ϕ 能保持较为一致，成品的锥角 ϕ' 与设计锥角 ϕ 的误差在 ±1.0% 以内。采用加热线圈 3 圈时锥角变大，因而锥角较设计值偏大。

图 5.13 给出了锥形方管拉伸轴向膨胀率随断面减缩率的变化规律。膨胀率在 3 圈线圈加热时最小。另外，断面减缩率相对增大时，膨胀率也增大；断面减缩率减小时，膨胀率减小。

如上所述，如考虑锥角的精度，其变形宽度应较小。如想抑制膨胀现象，需取较大的变形宽度。因而，锥角和抑制膨胀的最佳加工条件相反。

图 5.14 给出了锥管方管拉伸时锥管边缘的平坦度 f [$f=(L_1-L_2)/2$] 随边长的变化曲线。加热线圈速度 v_2 为 60mm/min，拉伸速度 v_1 设为 40s 间隔，按 5—10—15—20—25 (mm/min) 变化。多次拉伸与一次拉伸比较，几乎不产生膨胀现象，减小断面减缩率可实现高精度加工。

5.4 快速加热过程分析

根据电磁互感定律，任一导体通过电流时，在其周围就同时产

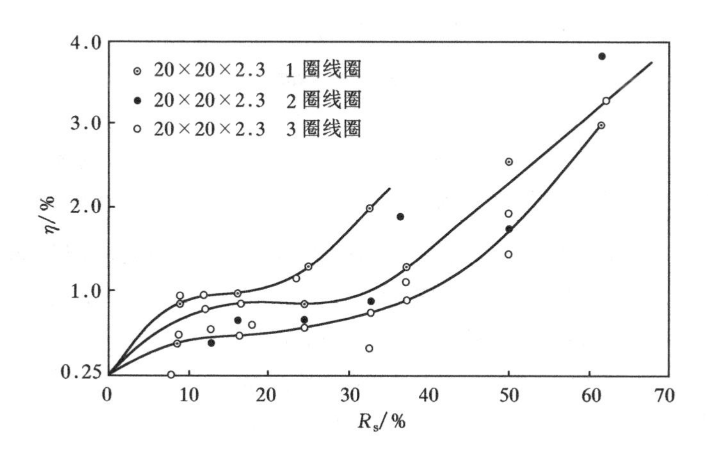

图5.13 轴向膨胀率 η 随断面减缩率 R_s 的变化

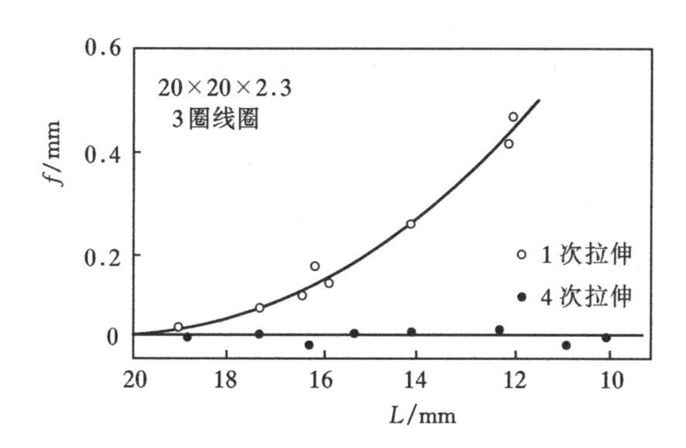

图5.14 方管表面平坦度 f 与边长 L 的关系

生磁场，磁场强度的大小和方向是根据导体中电流的大小和方向而定的。

当线圈中的电流为交变电流时，在线圈内部和其周围就会产生一个交变磁场，在感应加热时，置于感应线圈内的零件就被这个交变磁场的磁力线所切割，根据电磁场理论，变化着的磁场会产生感

应电动势 E，并可用法拉第电磁感应定律表示如下

$$E = \oint E\mathrm{d}L = \frac{\mathrm{d}\phi_{\mathrm{e}}}{\mathrm{d}t}$$

由于感应电动势的存在，在零件表面薄层内将形成封闭的电流回路，通常称为涡流。涡流强度取决于感应电动势 E 及涡流回路的阻抗 $Z = \sqrt{R^2 + X_{\mathrm{L}}^2}$，$R$ 为涡流回路的电阻，X_{L} 为涡流回路的感抗。设 I_{f} 为涡流回路的电流，根据欧姆定律，则有 $I_{\mathrm{f}} = E/Z$。由于阻抗 Z 通常很小，故涡流强度能达到很高的数值，使涡流回路产生大量的热，零件实行感应加热主要是依靠这种热量。另外在铁磁性材料的感应加热过程中，当材料的加热温度未超过材料的磁性转变点(居里点)的温度前，还会由于磁滞现象产生热效应，但这种由于磁滞损失引起的热效应在加热过程中的作用是次要的。

根据材料的电阻率 ρ 和导磁率 μ 的变化，高频感应加热可分为“冷态加热”和“热态加热”两种形式。钢铁材料在感应加热过程中，其电阻率 ρ 和导磁率 μ 将会发生变化，虽然电阻率 ρ 同磁场强度无关，但却随温度的升高而增大。材料则根据其导磁率与温度的关系分为导磁性材料和非导磁性材料两种，导磁性材料导磁率随温度变化而变化；非导磁性材料导磁率不随温度变化而变化，保持常数。非导磁性材料，如奥氏体钢的导磁率不随温度的变化而变化，从室温到熔化温度，$\mu = l$。而导磁性材料的导磁率随温度的升高而变化，当温度由室温升高到居里点时，μ 值变化不大，导磁率 μ 一般维持在 20 ~ 100 的某一定值，而电阻率增大，此时高频感应加热的功率较大；当温度高于居里点时，μ 急剧降为真空的导磁率，即 $\mu \approx l$。一般导磁性的钢材，如碳钢等的居里点大致在 720 ~ 780℃。

当感应线圈刚刚接通电流，工件温度开始明显升高的瞬间，涡流在零件内的分布主要是在其表面，因而表面的温度升高较快，当表面出现超过材料失磁温度的薄层时，加热层就被分成两层：外层的失磁层和与之相邻的未失磁层。失磁层材料的导磁率 μ 急剧下降，涡流透入深度急剧增大，造成涡流强度的明显下降，从而使最

大涡流强度是在两层的交界处。涡流强度分布的变化，使两层交界处的升温速度比表面的升温速度大，因此使失磁层不断向纵深移动，从而使失磁层不断向拉伸件中心移动。零件就这样得到逐层而连续的加热，称这种加热方式为透入式加热。当透入式加热进行到一定的深度后，就会不再继续深入了，因而材料内部的加热主要靠热传导进行。对于薄壁管的感应加热，可以认为以透入式加热为主，而由于透入式加热的速度比传导加热的速度要快得多，因而可以认为薄壁管沿径向温度分布均匀。

在感应线圈匝数固定及材料一定的情况下，影响高频感应加热效率的主要因素是感应线圈和拉伸工件之间的间隙。当感应加热线圈和拉伸件之间有间隙存在时，部分磁力线在间隙中通过，没有被工件切割，对拉伸工件不起加热作用。这个间隙越大，漏磁越严重，加热效率越低。除漏磁以外，同时还存在磁力线逸散，间隙越大，逸散越严重，拉伸工件加热区越宽。

5.5　快速冷却过程分析

无模拉伸过程中，快速加热和快速冷却是保证拉伸过程能够稳定进行的基本条件。因而单纯靠自然冷却是不能满足要求的，必须进行强制冷却。强制冷却过程主要有喷气冷却和喷水冷却，本实验采用喷气冷却。在喷气冷却过程中，热量主要通过强制对流过程被传送到外界。自然冷却过程即热传导，与自然对流和热辐射相比，传递的热量是很小的。

在喷吹压缩气体的过程中，流动气体与拉伸工件表面互相作用使流动气体在试件表面形成一个区域。在此区域内，气体流动速度由零值增大到恒定的流动速度，通常这个区域很薄，这样对流换热的速度就很快。流动气体的速度越快，冷却效果越好。

当试件受到强制对流换热冷却时，试件轴向温度分布曲线上的最高温度急剧下降，冷却段的轴向温度梯度急剧增大，因此可以认为对拉伸工件冷却起主导作用的是强制对流换热。强制对流换热是附面层内流动气体分子随机运动和流动气体宏观运动双重作用的结果。在拉伸界面附近的流动气体速度很低，此处传热通常是气体分子的随机运动起主导作用，即产生热传导。在流动气体流动过程中附面层逐渐增厚，此时才开始出现流动气体宏观运动的传热作用。流动气体速度的增加使流动气体宏观传热效果增大，同时使附面层内温度梯度增大，由拉伸工件表面向外层输出的热流也随之增大，因此换热效果增强。距冷却喷嘴轴向距离不同，拉伸件轴向各点换热效果也不同。实验证明，通过喷吹压缩空气冷却可以达到很好的效果，拉伸过程进行稳定。喷水冷却主要靠压力水流使变形后金属冷却下来，使之降温。

5.6 拉伸变形过程分析

无模拉伸过程是从局部颈缩开始的，由于工件沿轴向的温度随时间连续变化，最终在拉伸工件上形成稳定的变形区。

拉伸工件的变形首先是从温度最高点开始的，如图 5.15(a)所示。由于变形起始点离冷却喷嘴尚远，该处温度较高，因此变形在该点继续进行。由于加热区的移动，变形接着在邻近点继续进行，如图 5.15(b)所示。当变形达到一定的程度时，起始变形点已冷却下来，拉伸力已不足以使该点发生变形，而后续的各点还维持在变形状态，而且还相继有区域达到变形条件，当变形达到确定的断面减缩率之后，该处被冷却下来，变形不再进行，从而得到所要求的尺寸，如图 5.15(c)所示。如果此时已达到入口体积变化和出口体积变化相等的条件，变形就可稳定地进行下去。随着拉伸件与冷热源位置相对移动，一边有金属开始变形，另一边也同时有金属在停止变形，如图 5.15(d)所示。在金属的变形区中，影响变形过程的因素主要是变形温度、变形速度和变形程度。一般情况下，随着温度降低、变形速度增大以及变形程度增大，金属变形抗力增大。无模拉伸的必要条件是需要有足够的轴向温度梯度，而且此温度梯度比较稳定地沿轴向移动，因而快速加热和快速冷却是无模拉伸的关键技术。

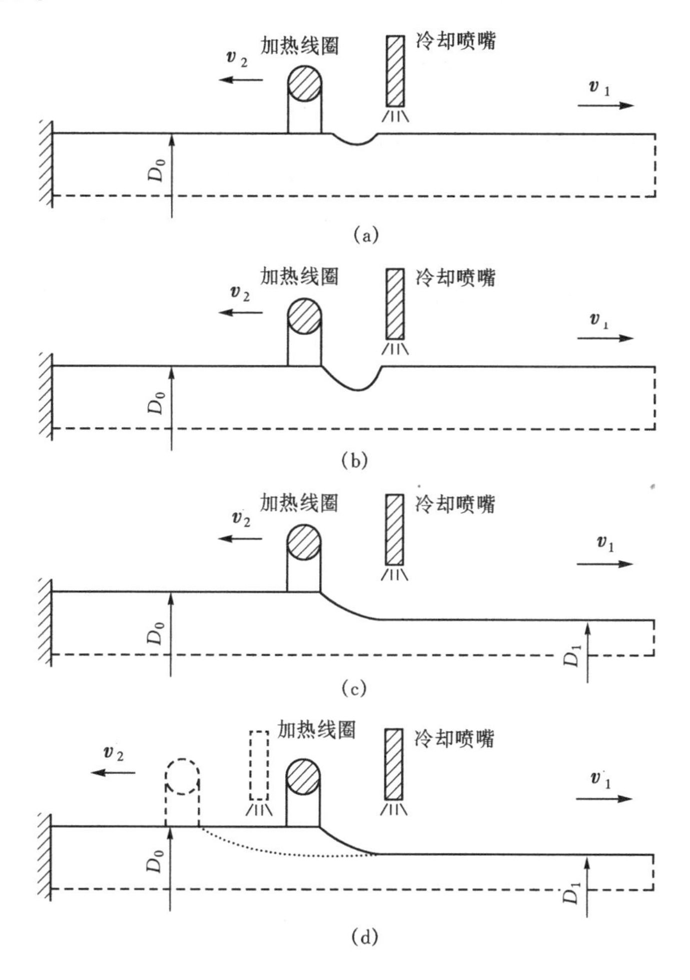

图 5.15　变形过程示意图

本章参考文献

[1] 夏鸿雁,吴迪,栾瑰馥.一种新型的锥形方管无模拉伸成形工艺[J].钢铁,2009,44(7):50-52.

[2] 栾瑰馥,小畠耕二,等.ダィしスフオーミソグにする异型钢管のテーパ引抜き加工[C].第42回塑性加工連合演講會論文,札幌,1991.

[3] Kobatake K, Luan G F. A new forming method of non-circular tapered pipe [C]. Advanced technology of Plasticity, 1993, 1:67-72. Proceedings of the 4th International Conference on Technology of Plasticity (ICTP). (Beijing) P. R. China. 1993.

[4] 张卫刚,栾瑰馥,白光润,等.无模拉伸成形中加热和冷却过程的研究[J].汽车工艺,1989(6):10-13.

第6章　异型断面锥形电柱无模拉伸

6.1　锥形管无模拉伸技术创新点

国际上通用的锥形管生产工艺是将钢板卷剪成锥形管的展开形状，然后在折弯机上折弯成要求的横断面形状，再通过直缝焊接成锥形管。此生产工艺的主要缺点为如下。

① 成品尺寸精确度差，焊口质量不佳，内外毛刺均难以处理；

② 产品组织性能与原材料相同，不能改善；

③ 工序多，工艺过程和设备庞杂，难以实现生产线全面自动化，作业环境恶劣，设备投资大；

④ 只能生产焊接性能良好的直缝焊锥形钢管，对生产无缝锥形钢管无能为力，不能满足有特殊要求的锥形钢管；

⑤成材率低，一般仅为80%左右，对批量不大的产品尤甚；

⑥产品成本高，成材率低，设备投资大，生产效率低等。

用无模拉伸取代现行工艺生产锥形管，能够实现各种金属的无缝或焊缝管的直接拉伸成形，在成形的同时实现形变热处理，完全防止了上述缺陷。该工艺与现行工艺相比，具备下列优点。

① 成品尺寸精度高，外观好，焊口质量高，因经辊弯或辊挤生产过程，钢管尺寸精度及外观均较折弯焊接的钢管优越，并且在原料管大批量生产过程中，内、外毛刺可得到完善处理，焊口质量提高。

② 可以生产有特殊要求的各种金属锥形管，如焊接性能不佳的钢种、无缝管等，并且由于在拉伸过程中实现形变热处理，材料组织结构及机械性能得到改善，满足机械制造业或其他领域的特殊要

求。

③ 成材率高，可达95%，因只有切头，无切边和裁剪损失，是节材型工艺。

④ 在无模拉伸机上仅一道工序完成锥形钢管成形，工艺简单。可实现全生产线设备计算机协调控制的全自动化工艺过程，改善作业环境。

⑤不用模具，仅靠改变速度比获得要求的纵向变断面形状，是理想的柔性加工工艺。能够实现小批量生产，甚至单件生产，提高产品附加值，扩大市场范围。

⑥产品成本低。因原料管大批量生产，加工费低。

⑦投资额低，节约能源。用一台无模拉伸机能够完成现行工艺3~4台机器的生产量，耗能及投资额仅为现行工艺的1/3~1/2。

综上所述，无模拉伸生产锥形管技术创新点主要为以下几个方面。

(1) 生产工艺的创新。通用的锥形管生产工艺是将钢板卷剪裁成锥形管的剪裁形状，经折弯成形后直缝焊接成锥形管。以无模拉伸取代目前国际上通用的锥形管生产工艺，用一道工序代替剪裁、折弯、焊接3道工序，工艺过程及设备得到简化。

无模拉伸不用模具，仅靠精确控制速度关系获得要求的纵向断面形状，是理想可靠的柔性加工方法，既可批量生产，也可以单件生产。能够实现多品种、小批量的生产机制。

目前国际上通用的锥形管生产工艺只能生产焊接性能好的直缝焊接锥形管。用无模拉伸既可以生产直缝焊接管，也可以生产无缝的锥形管。从材料上看，任何钢种，无论焊接性能如何都可生产，还可以生产钛合金及其他金属材料的锥形管以满足各种使用要求。

直缝焊接锥形管的性能指标与原料钢板卷完全相同，而无模拉伸在拉伸成形的同时完成形变热处理，改善了产品的组织结构和机械性能，使产品质量有显著提高。

(2) 无模拉伸机机械结构的创新。无模拉伸机的结构必须保证稳定地运行和精确控制速度，以保证获得要求断面的产品。研究实践证明，采用丝杠传动拉伸系统和冷热源系统是无模拉伸机结构的创新，这是与普通拉拔机的根本区别。

一台无模拉伸机代替现行工艺的数台设备，包括开卷机、剪裁机、折弯机及焊机等，而且结构简单，实质上是使两根丝杠稳定地转动起来，精确控制速度，就能保证无模拉伸过程稳定，所以无模拉伸机的简单结构是锥形管生产设备从复杂到简单的创新。

（3）实现全线设备全过程计算机协调控制的创新。在无模拉伸机上一道工序完成锥形管生产过程，实现拉伸系统、加热、冷却及其移动系统的全线设备和从拉伸开始到拉伸完毕全过程的计算机协调控制，全面实现自动化生产过程。

上述3点创新改变了锥形管生产工艺和设备比较原始的状态，进入现代化工业行列，适应社会科学技术的进步，满足国民经济发展日益提高的要求。

路灯的电柱一般都采用圆管。近年来，为了提高其美观程度，更好地与环境配合，开始采用锥形方管。现行工艺所生产的锥形电柱成品尺寸精确度差，焊口质量不佳，产品组织性能不能改善，使用性能差。因系钢板焊接，锥形管壁厚相同，实际上为增加电柱使用稳定性，应加大电柱下部的管壁厚度。

用无模拉伸取代现行工艺生产的锥形电柱，完全能够防止上述缺陷。

本章研究无模拉伸成形锥形电柱的方法。根据无模拉伸成形机理，给出了锥形电柱无模拉伸温度及极限断面减缩率的确定方法，提出了主要工艺参数的确定方法，根据产品尺寸确定了拉伸道次，计算了各道次拉伸半成品的尺寸，提出了速度控制数学模型和速度控制方法。该方法工艺及设备简单，解决了锥形电柱难以塑性成形的问题。

6.2 锥形电柱无模拉伸工艺设计

6.2.1 锥形电柱尺寸及材质

尺寸：70mm/(150～200)mm×(5000～12000)mm。

材质：低碳钢。

选择70mm/200mm×6000mm作为典型产品。

锥形电柱零件示意图如图6.1所示。

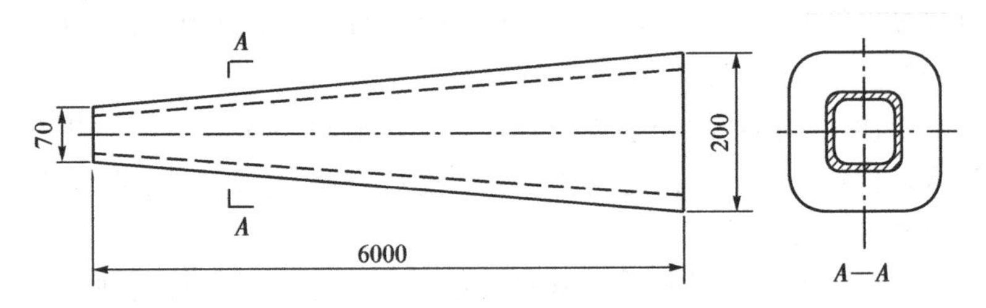

图6.1 锥形电柱零件示意图（单位：mm）

6.2.2 无模拉伸温度的确定

确定无模拉伸温度的原则。

① 实现热拉伸，拉伸温度应在再结晶温度以上，并进入高塑性区进行无模拉伸。

② 减少氧化，尽量在再结晶温度以上的低温区进行无模拉伸。

③ 提高生产率，为此必须提高拉伸速度，拉伸速度取决于冷热源移动速度，后者取决于拉伸温度。因此，应采用低温拉伸，缩短加热时间，以提高冷热源移动速度，从而提高拉伸速度。

④ 考虑被拉伸金属的特殊性能，某些金属的晶粒长大温度、脱碳趋势及出现晶间裂纹等。

几种常用金属无模拉伸温度列于表6.1中。

表6.1　常用金属无模拉伸温度

金　属	最高温度/℃	最低温度/℃	最佳拉伸温度/℃	备　注
低碳钢（C≤0.25%）	1300	700~750	850	
中碳钢（C 0.25%~0.6%）	1250	750~800	850~900	
高碳钢（C 0.6%~0.85%）	1200	800	900	
弹簧钢60SiMn	1200	900	950~1000	脱碳倾向大，必须快速加热
高速钢$W_{18}Cr_4V$	1200	900	950~1000	拉伸温度不得低于900℃，因低于此温度，强度和硬度均高
不锈钢 $1Cr_{13}$ $1Cr_{18}Ni_9$ $1Cr_{18}Ni_9Ti$	 1200 1200 1200	 900 850 850	 1000 1000 1000	不得低于900℃，否则晶边界析出含铬化合物，形成晶间裂纹
耐热合金 $4Cr_{14}Ni_{14}W_2Mo$	1150	900	950~1150	合金化程度愈高，变形最低温度愈高。最佳拉伸温度系指合金具备最高塑性的温度
钛合金 Ti_6Al_4V	1000	900	900~950	当加工温度高于1000℃时，伴随强烈的集合再结晶过程，使晶粒长大，并容易氧化及吸氢，使工艺塑性降低，因此，必须严格控制变形温度
高温合金 GH625	1180	950	1000~1150	变形温度若高于1180℃，由于低熔点元素等偏集于晶界，致使合金晶界初始熔化温度降低，从而使合金的塑性反而降低；若温度低于950℃变形，变形抗力增大，热变形困难，甚至导致废品

6.2.3　无模拉伸极限断面减缩率的确定

为保证无模拉伸稳定进行，无模拉伸时变形端和变形完成端的变形力必须满足下列关系

$$A_0\sigma_0 \ll A_1\sigma_1 \tag{6-1}$$

式中：A_0，σ_0——变形开始处温度为 T_0 时的横断面面积和变形抗力；

A_1，σ_1——变形完成处温度为 T_1 时的横断面面积和变形抗力。

由式(6-1)得

$$\frac{\sigma_0}{\sigma_1} \ll \frac{A_1}{A_0} \tag{6-2}$$

可见，温差是无模拉伸稳定进行的必要条件。由以上关系可得无模拉伸极限断面减缩率 R_s 的计算式

$$R_s < 1 - \frac{\sigma_0}{\sigma_1} \tag{6-3}$$

各种常用金属的极限断面减缩率列于表6.2中。

表6.2　　常用金属无模拉伸极限断面减缩率

<table>
<tr><th rowspan="2">序号</th><th rowspan="2">金　属</th><th colspan="2">变形开始</th><th colspan="2">变形完成</th><th rowspan="2">极限断面减缩率 R_s/%</th><th rowspan="2">常用断面减缩率 R/%</th></tr>
<tr><th>T_0 /℃</th><th>σ_0/ MPa</th><th>T_1 /℃</th><th>σ_1/ MPa</th></tr>
<tr><td>1</td><td>低碳钢
中碳钢
高碳钢</td><td>850
850～950
900</td><td>53.9
147
176.4</td><td rowspan="9">400</td><td>343
470.4
588</td><td>83.3
68.8
70</td><td>66
60
50</td></tr>
<tr><td>2</td><td>弹簧钢</td><td>900～950</td><td>58.8</td><td>813.4</td><td>92.8</td><td>50</td></tr>
<tr><td>3</td><td>高速钢
$W_{18}Cr_4V$</td><td>950～1000</td><td>98</td><td>490</td><td>90</td><td>40</td></tr>
<tr><td rowspan="4">4</td><td>不锈钢</td><td></td><td></td><td></td><td></td><td></td></tr>
<tr><td>$1Cr_{13}$</td><td>1000</td><td>58.8</td><td>509.6</td><td>88.5</td><td>59</td></tr>
<tr><td>$1Cr_{18}Ni_9$</td><td>950</td><td>98</td><td>490</td><td>80</td><td>60</td></tr>
<tr><td>$1Cr_{18}Ni_9Ti$</td><td>950</td><td>88.2</td><td>490</td><td>82</td><td>60</td></tr>
<tr><td>5</td><td>耐热合金
$Cr_{14}Ni_{14}W_2$</td><td>1000</td><td>78.4</td><td>490</td><td>84</td><td>40</td></tr>
<tr><td>6</td><td>钛合金
Ti_6Al_4V</td><td>900～950</td><td>49</td><td>490</td><td>90</td><td>80</td></tr>
</table>

一般实际使用的断面减缩率 R 较极限断面减缩率 R_s 低 10% ~ 30%，原因如下：

① 受冷却能力制约，拉伸完毕温度可能高或低于 400℃；

② 实验室取得的 σ_0 和 σ_1 有一定的误差；

③ 为实现稳定拉伸使用较小拉伸断面减缩率。

为缩短加热时间，碳钢拉伸温度取相变点以上的最低温度，约为 800℃，有

$$\sigma_0 = 53.9\text{MPa}$$

钢材冷却到 400℃ 强度极限急剧下降，保证合适的温度场，冷却后温度约取为 400℃，有

$$\sigma_1 = 343\text{MPa}$$

极限断面减缩率

$$R_s < 1 - \frac{\sigma_0}{\sigma_1} = 1 - \frac{53.9}{343} = 84\%$$

为保证顺利稳定拉伸，所用断面减缩率必须低于此值，一般实际使用的断面减缩率 R 较极限断面减缩率 R_s 低 10% ~30%，取每道次断面减缩率为 50% ~60%。

6.2.4　原料管设计

（1）原料管横断面尺寸。

理论及实验研究表明，拉伸件壁厚变化与边长变化之比成正比关系，即

$$\frac{t_1}{t_0} = \frac{l_1}{l_0} \tag{6-4}$$

式中：t_0，t_1——为拉伸前、后拉伸件的壁厚；

l_0，l_1——拉伸前、后拉伸件横断面的边长。

为保证电柱壁厚最薄处有足够的强度，取电柱最小断面 70mm ×70mm 处的壁厚为 5mm，则根据式(6-4)关系得原料管的壁厚为

$$t_0 = 5 \times \frac{200}{70} = 14.3\text{mm}$$

取管材的标准壁厚为 15mm，则 70mm ×70mm 断面处的壁厚为

$$t_1 = 15 \times \frac{70}{200} = 5.3\text{mm}$$

即原料管的横断面尺寸为 200mm ×200mm ×15mm。

（2）原料管长度计算。

管材拉伸的成形模型等效于实心棒材的成形模型，即可以把棒材的拉伸看成管材各层之间独立拉伸实现的成形，计算管料体积时，按管料外形计算即可。

成品体积

$$\begin{aligned} V_1 &= \frac{1}{3}L(S_1 + S_2 + \sqrt{S_1S_2}) \\ &= \frac{1}{3} \times 6000 \times (200 \times 200 + 70 \times 70 + \sqrt{200 \times 200 \times 70 \times 70}) \\ &= 117800000\text{mm}^3 \end{aligned} \tag{6-5}$$

式中：S_1，S_2——电柱大、小端断面面积；

L——电柱高度，如图 6.1 所示。

横断面 200mm ×200mm 原料的体积为

$$V = H_{计} \times 200 \times 200$$

式中：$H_{计}$——原料管的计算长度。

根据体积不变条件，$V = V_1$，有

$$H_{计} = \frac{V_1}{200 \times 200} = \frac{117800000}{40000} = 2945\text{mm}$$

采用冷热源移动方向和拉伸方向反向的拉伸方法，以便于实现端部无模弯曲。拉伸端卡头及冷热源所占长度约取为 200mm，可作为锥形电柱安装底座，固定端卡在特制的卡头上，仅占原料管 100mm 的长度，则原料管的实际长度为

$$H_{原} = 2945 + 200 + 100 = 3245\text{mm}$$

取 $H_{原}$ 为 3300mm，即用于安装的底座长度为 255mm。

金属消耗系数为

$$\eta = \frac{3300}{3200} = 1.031$$

成品率为

$$\rho = \frac{1}{\eta} = 0.970$$

6.2.5　拉伸道次确定及各道次拉伸尺寸计算

由以上确定的原料管断面尺寸和最小端断面尺寸，可计算得总断面减缩率为

$$R_z = 1 - \left(\frac{70}{200}\right)^2 = 0.8775 \tag{6-6}$$

此总断面减缩率不能通过 1 道次拉伸实现，需采用 3 道次拉伸。为使每道次断面减缩率达到最大，应使每道次断面减缩率相同。

设各道次断面减缩率为 R，从 200mm × 200mm × 15mm 的方管拉伸成小端 70mm × 70mm × 5mm 的锥形管，断面减缩率 R 和各尺寸间应满足下列关系

$$200 \times \sqrt{1-R}\sqrt{1-R}\sqrt{1-R} = 70 \tag{6-7}$$

从式(6-7)解得

$$R = 0.503$$

即采用 3 道次拉伸，每道次断面减缩率为 50.3%，可拉伸出要求的尺寸。

采用两种拉伸方案进行研究。

6.2.5.1　第一种方案各道次拉伸尺寸计算

该方案各个道次都是从一端拉伸到另一端，各道次拉伸后轴向断面均呈锥形，其中第一道次是由方管拉伸成锥管，第二、三道次是由锥管拉伸成锥管，锥管角逐渐加大，$\alpha_3 > \alpha_2 > \alpha_1$，$\alpha_3 = \alpha_{件}$。

各道次拉伸后锥形方管最小横断面边长 l_n 和长度 L_n 计算如下述。

第一次道拉伸后最小端方管横断面边长

$$l_1 = l_0 \sqrt{1-R} = 200 \times \sqrt{1-0.503} = 141\text{mm} \tag{6-8}$$

式中：l_0——原料方管边长。

根据体积不变原理，由式(6-5)，第一道次拉伸后方管长度

$$L_1 = \frac{3V_1}{l_0^2 + l_1^2 + \sqrt{l_0^2 \times l_1^2}} = \frac{3 \times 117800000}{200^2 + 141^2 + \sqrt{200^2 \times 141^2}} = 4012.2\text{mm} \tag{6-9}$$

第一道次拉伸后锥管角

$$\alpha_1 = \arctan \frac{(l_0 - l_1)/2}{L_1} = \frac{(200-141) \div 2}{4012.22} = 0.4213^\circ \tag{6-10}$$

第二道次拉伸后最小端方管横断面边长、方管长度和锥管角

$$l_2 = l_1 \sqrt{1-R} = 141 \times \sqrt{1-0.503} = 99.4\text{mm}$$

$$L_2 = \frac{3V_1}{l_0^2 + l_2^2 + \sqrt{l_0^2 \times l_2^2}} = \frac{3 \times 117800000}{200^2 + 99.4^2 + \sqrt{200^2 \times 99.4^2}}$$
$$= 5065.9\text{mm}$$

$$\alpha_2 = \arctan \frac{(l_0 - l_2)/2}{L_2} = \frac{(200-99.4) \div 2}{5065.9} = 0.5689^\circ$$

第三道次拉伸后最小端方管横断面边长、方管长度和锥管角

$$l_3 = l_2 \sqrt{1-R} = 99.4 \times \sqrt{1-0.503} = 70\text{mm}$$

$$L_3 = \frac{3V_1}{l_0^2 + l_3^2 + \sqrt{l_0^2 \times l_3^2}} = \frac{3 \times 117800000}{200^2 + 70^2 + \sqrt{200^2 \times 70^2}}$$
$$= 6000\text{mm}$$

$$\alpha_3 = \arctan \frac{(l_0 - l_3)/2}{L_3} = \frac{(200-70) \div 2}{6000} = 0.6207^\circ$$

计算正确。

第一方案各道次拉伸外形尺寸如图 6.2 所示。

6.2.5.2 第二种方案各道次拉伸尺寸计算

该方案第一道次将方管拉伸成前段为锥管、后段为方管的管件，

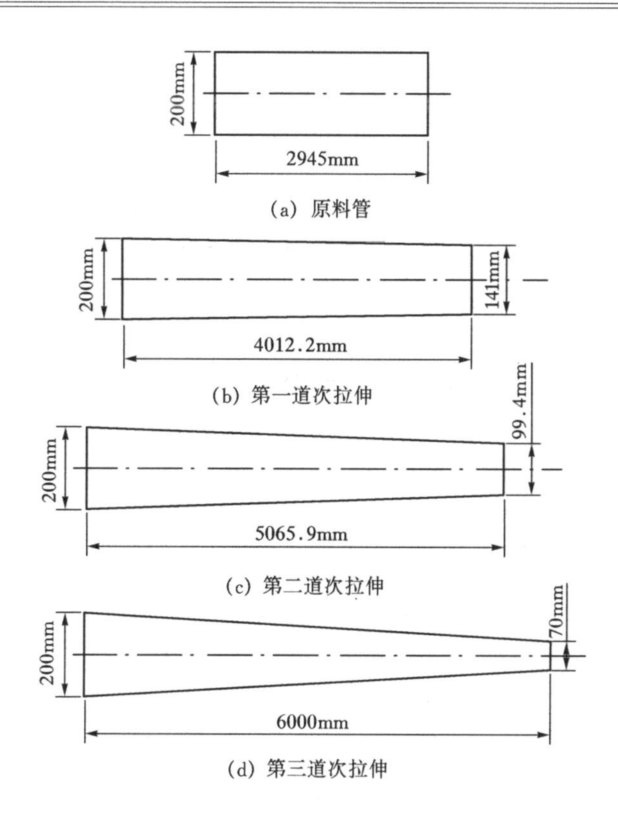

(a) 原料管

(b) 第一道次拉伸

(c) 第二道次拉伸

(d) 第三道次拉伸

图6.2　锥形电柱各道次拉伸外形尺寸(第一方案)

轴断面前段为锥形，后段为平管；第二道次将第一道次拉出的平管拉伸成前段为锥管、后段为方管的管件，轴断面前段为锥形，后段为平管；第三道次是将第二道次拉出的平管全部拉伸成锥管，整个轴断面均呈锥形。三道次拉伸锥管角相同，形状如图6.3所示。

各道次拉伸后方管横断面边长和长度计算如下。

第一道次拉伸后，方管横断面边长

$$l_1 = l_0\sqrt{1-R} = 200\times\sqrt{1-0.503} = 141\ \text{mm} \tag{6-11}$$

式中：l_0——原料管边长。

根据体积不变原理，第一道次拉伸后，前部分锥管的长度

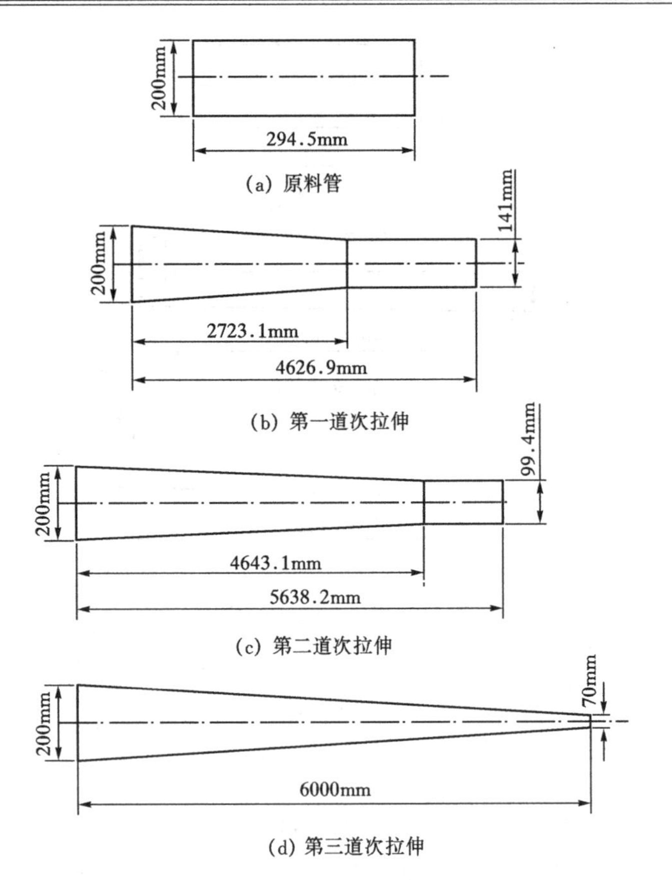

(a) 原料管

(b) 第一道次拉伸

(c) 第二道次拉伸

(d) 第三道次拉伸

图 6.3 锥形电柱各道次拉伸外形尺寸(第二方案)

$$L_1 = 6000 - \frac{35.5 \times 6000}{65} = 2723.1\text{mm} \tag{6-12}$$

第一道次拉伸后，后部分方管的长度

$$L_1{}' = \frac{V_1 - V_{锥}}{S_1} = \frac{V_1 - \frac{1}{3}L_1(l_0^2 + l_1^2 + \sqrt{l_0^2 l_1^2})}{l_1^2} = 1903.8\text{mm} \tag{6-13}$$

式中：$V_{锥}$——第一道次拉伸后锥管的体积。

第二道次拉伸后，方管横断面边长

$$l_2 = l_1\sqrt{1-R} = 141 \times \sqrt{1-0.503} = 99.4\text{mm}$$

第二道次拉伸的锥管长度

$$L_2 = \frac{35.5 \times 6000}{65} - \frac{14.7 \times 6000}{35.5} = 1920\text{mm}$$

第二道次拉伸后，后部分方管的长度

$$L_2' = \frac{V_1 - V_{锥}'}{S_2} = \frac{V_1 - \frac{1}{3}L_2(l_0^2 + l_2^2 + \sqrt{l_0^2 l_2^2})}{l_2^2} = 995.1\text{mm}$$

式中：$V_{锥}'$——第二道次拉伸后锥管的体积。

第三道次拉伸后，方管横断面边长

$$l_3 = l_2\sqrt{1-R} = 99.4 \times \sqrt{1-0.503} = 70\text{mm}$$

第三道次拉伸锥管长度

$$L_3 = 6000 - L_1 - L_2 = 6000 - 2723.1 - 1920 = 1356.9\text{mm}$$

第三道次拉伸后，后部分方管的长度

$$L_3' = \frac{V_1 - V_{锥}''}{S_3} = \frac{V_1 - \frac{1}{3}L_3(l_0^2 + l_3^2 + \sqrt{l_0^2 l_3^2})}{l_3^2} = 0\text{mm}$$

式中：$V_{锥}''$——第三道次拉伸后锥管的体积。

三道次拉伸锥管角相同。

$$\alpha = \arctan\frac{(l_0 - l_3)/2}{L} = \frac{(200-70) \div 2}{6000} = 0.6207°$$

式中：L——锥管的总长度。

计算正确。

第二方案各道次拉伸外形尺寸如图6.3所示。

6.3 速度控制方法及数学模型

6.3.1 速度控制方法

采用冷热源移动方向和拉伸方向反向的拉伸方法，以便于实现端部无模弯曲。即拉伸完毕，将固定端松开，无模拉伸端成为无模弯曲的推助力。在无模拉伸机上加一悬臂即可实现无模弯曲。

由于受加热能力的制约，冷热源移动速度不可任意变化，过大加热不足，温度过低；过小则加热时间过长，产生过热。即冷热源移动速度取决于拉伸材料对拉伸温度的要求，不能作为控制对象。因此，只能控制拉伸速度，即以改变拉伸速度方式达到改变速度比的目的，使断面减缩率按要求变化拉伸出要求的产品形状。

综上所述，本实验采用冷热源移动方向和拉伸方向反向，冷热源移动速度 v_2 一定，控制拉伸速度 v_1 按一定规律变化的拉伸工艺。

6.3.2 速度控制数学模型

6.3.2.1 第一种方案数学模型

该方案锥形电柱无模拉伸模型如图 6.4 所示。

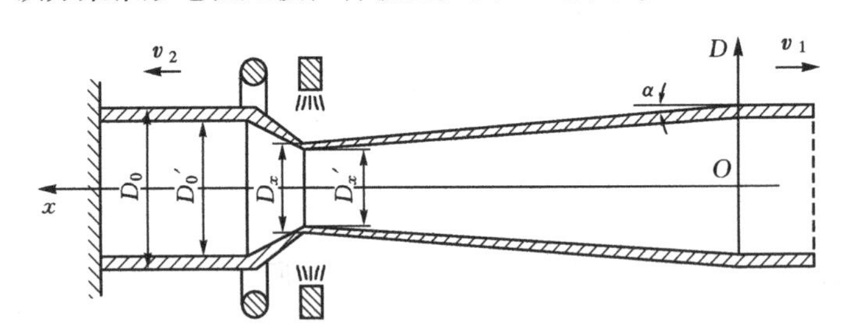

图 6.4 锥形电柱无模拉伸模型(第一方案)

如图 6.2 所示，采用三道无模拉伸工序形成锥形电柱。

(1)第一道工序速度模型。

本道工序将原料方管拉伸成锥形方管，第一道次拉伸后锥管角为α_1。对于锥形方管类无模拉伸，速度v_1变化规律与圆管相似，只要将式(6-13)和式(6-14)中的直径D用方管边长l替代，将$\alpha=\alpha_1$代入即可得到方管第一道工序无模拉伸速度模型。

第一道次拉伸速度与位移、位移与时间的关系

$$v_1 = \frac{l_0^2 - (l_0 - 2x\tan\alpha_1)^2}{(l_0 - 2x\tan\alpha_1)^2} v_2 \tag{6-14}$$

$$l_0^2 x - 2l_0 x^2 \tan\alpha_1 + \frac{4}{3} x^3 \tan^2\alpha_1 = l_0^2 v_2 t \tag{6-15}$$

(2) 第二、第三道工序速度模型。

第二、第三道工序由锥形方管拉伸成锥形方管，根据图6.4，其速度模型为

$$A_0 v_2 = A_x (v_1 + v_2) \tag{6-16}$$

$$A_x = \frac{\pi}{4}(l_0 - 2x\tan\alpha_n)^2, \quad A_0 = \frac{\pi}{4}(l_0 - 2x\tan\alpha_{n-1})^2$$

式中：α_n——第n次拉伸后锥管角；

α_{n-1}——第$n-1$次拉伸后锥管角，n取2，3。

将A_x，A_0代入式(6-16)，整理得速度与位移的关系

$$v_x = \frac{(l_0 - 2x\tan\alpha_{n-1})^2 - (l_0 - 2x\tan\alpha_n)^2}{(l_0 - 2x\tan\alpha_n)^2} v_2 \tag{6-17}$$

位移-速度-时间的关系为

$$\mathrm{d}x = (v_1 + v_2)\mathrm{d}t \tag{6-18}$$

由式(6-17)和式(6-18)可以得出拉伸速度v_1与时间t的关系。

(3) 速度与时间的关系。

很明显，在锥形方管三次拉伸的模型中，得到的v_1与t的关系式都是隐式，非常不便于计算以及计算机控制的拉伸过程处理。在实际的处理过程中，采用分段多项式逼近的方法，得出各道次拉伸速度与时间的变化规律。

① 第一道次拉伸，工件形状如图6.2(b)所示，α_1为0.4213°，

取 $v_2 = 50\mathrm{mm/min}$。离散数据见表 6.3。v_1 与 t 的分段函数

$$\begin{cases} v_1 = 5.50310t, & 0 \leqslant t \leqslant 0.39414, \\ v_1 = 6.09646t - 0.2136, & 0.39414 < t \leqslant 0.77670, \\ \quad \vdots \\ v_1 = 43.40911t - 157.80624, & 5.46222 < t \leqslant 5.67418, \\ v_1 = 50.22417t - 196.45886, & 5.67418 < t \leqslant 5.87767 \end{cases}$$

表 6.3 第一道次拉伸离散数据

x	$T=\frac{l_0^2x-2l_0x^2\tan^2\alpha_1+\frac{4}{3}x^3\tan\alpha_1^2}{l_0v_2}$	$v_1=\frac{l_0^2-(l_0-2x\tan\alpha_1)^2}{(l_0-2x\tan\alpha_1)^2}V_2$	k	b
0	0	0	5. 50310392	0
20	0. 394146273	2. 169027902	6. 046965102	−0. 214360858
40	0. 776700442	4. 48231961	6. 656979028	−0. 688158945
60	1. 147835529	6. 9529581	7. 342779203	−1. 47534475
80	1. 507724557	9. 595543767	8. 11564531	−2. 64061396
100	1. 856540548	12. 42641063	8. 988828329	−4. 26171364
120	2. 194456526	15. 46387935	9. 977948968	−6. 432295881
140	2. 521645513	18. 72855436	11. 10148816	−9. 265463433
160	2. 838280532	22. 24367427	12. 38139364	−12. 89819426
180	3. 144534606	26. 03552652	13. 84383388	−17. 4968882
200	3. 440580757	30. 13394026	15. 5201397	−23. 26435374
220	3. 726592009	34. 57287484	17. 44798693	−30. 44865381
240	4. 002741384	39. 39112552	19. 67288994	−39. 35436517
260	4. 2692019s04	44. 63317402	22. 25009915	−50. 35699163
280	4. 526146594	50. 35021884	25. 24702674	−63. 92152526
300	4. 773748475	56. 60143014	28. 74636835	−80. 62650193
320	5. 01218057	63. 45548698	32. 85014834	−101. 1953883
340	5. 241615902	70. 99247167	37. 685001	−126. 5378288
360	5. 462227494	79. 30621974	43. 40911954	−157. 8042665
380	5. 674188368	88. 50725468	50. 2214762	−196. 4588614

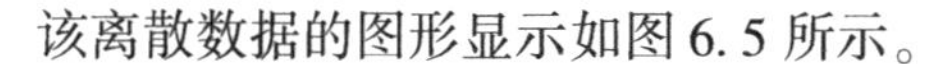
该离散数据的图形显示如图 6.5 所示。

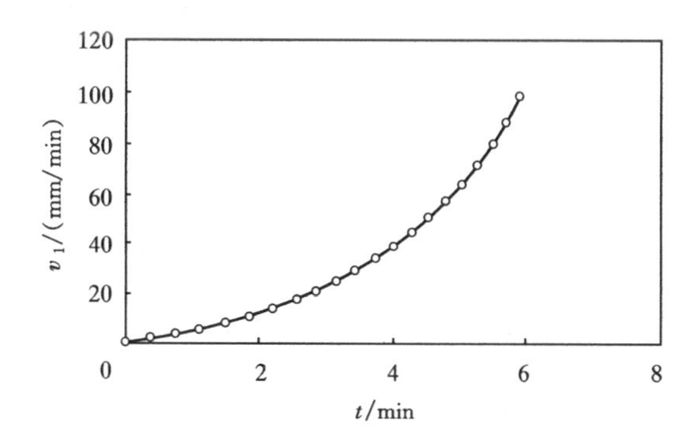

图 6.5　第一道次拉伸速度 v_1 与时间 t 的关系

② 第二道次拉伸，工件形状如图 6.2(c)所示，α_2 为0.5689°，取 v_2 为 50mm/min。离散数据见表 6.4，图形显示如图 6.6 所示。

表 6.4　第二道次拉伸离散数据

x	$T=T'+\frac{x-x'}{v_1-v_2}$	$v_1=\frac{(l_0-2x\tan\alpha_1)^2-(l_0-2x\tan\alpha_2)^2}{(l_0-2x\tan\alpha_2)^2}v_2$	k	b
0	0	0	1.33159387	0
20	0.395827337	0.527081257	1.40931377	-0.0307637
40	0.78737845	1.078899631	1.49370078	-0.0972082
60	1.174546071	1.65721221	1.585511	-0.2050435
80	1.557219063	2.26394445	1.68560759	-0.3609158
100	1.935282245	2.901210617	1.79497903	-0.5725804
120	2.308616215	3.571337264	1.91476114	-0.8491113
140	2.677097163	4.276890264	2.04626347	-1.2011559
160	3.040596679	5.020706044	2.19100139	-1.6412455
180	3.398981546	5.805927787	2.35073515	-2.1841776
200	3.752113533	6.63604756	2.52751755	-2.8474852
220	4.099849175	7.514955497	2.72375273	-3.6520199
240	4.44203955	8.446997466	2.94226877	-4.6226768
260	4.778530045	9.437042941	3.186408	-5.7893034
280	5.109160118	10.49056525	3.4601400	-7.1878442
300	5.433763056	11.61373687	3.7682042	-8.8617919
320	5.752165728	12.81354316	4.11629005	-10.864039
340	6.06418834	14.09791873	4.51126811	-13.259261
360	6.369644185	15.47591194	4.96148683	-16.126994

续表 6.4

x	$T=T'+\frac{x-x'}{v_1-v_2}$	$v_1=\frac{(l_0-2x\tan\alpha_1)^2-(l_0-2x\tan\alpha_2)^2}{(l_0-2x\tan\alpha_2)^2}v_2$	k	b
380	6.668339405	16.95788434	5.47715798	-19.565664
400	6.960072758	18.55575401	6.07086119	-23.697882
420	7.244635401	20.28329431	6.758210667	-28.677478
440	7.521810695	22.15650334	7.55874475	-34.698944
460	7.79137404	24.19406386	8.49712565	-42.01022
480	8.053092755	26.41792066	9.60477586	-50.93023
500	8.306726015	28.85401128		

注：T'——前 $n-1$ 段分段函数积累的时间；

x'——前 $n-1$ 段分段函数积累的距离。

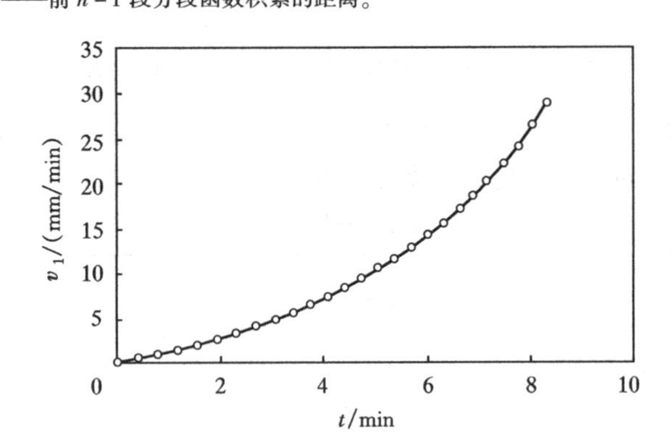

图 6.6 第二道次拉伸速度 v_1 与时间 t 的关系

根据表 6.4，可得关于 v_1 与 t 的分段函数

$$\begin{cases} v_1 = 1.33594t,\ 0 \leqslant t \leqslant 0.39522, \\ v_1 = 1.40314t - 0.03076,\ 0.39522 < t \leqslant 0.737s, \\ \qquad \vdots \\ v_1 = 8.49712t - 42.0102,\ 7.79137 < t \leqslant 8.05309, \\ v_1 = 9.60477t - 50.9302,\ 8.05309 < t \leqslant 8.30672 \end{cases}$$

③ 第三道次拉伸，工件形状如图 6.2(d)所示，α_3 为0.6207°，取 $v_2=50\text{mm/min}$。

离散数据见表 6.5。该离散数据的图形显示如图 6.7 所示。

表 6.5　第三道次拉伸离散数据

x	$T=T'+\frac{x-x'}{v_1-v_2}$	$v_1=\frac{(l_0-2x\tan\alpha_2)^2-(l_0-2x\tan\alpha_3)^2}{(l_0-2x\tan\alpha_3)^2}v_2$	k	b
0	0	0	0.464240087	0
20	0.398525365	0.18501145	0.488062629	-0.009493887
40	0.795517997	0.378768718	0.513753042	-0.029931073
60	1.190916306	0.581905802	0.541510473	-0.062987851
80	1.584654922	0.795119386	0.571561169	-0.110607834
100	1.976664383	1.019176772	0.604162994	-0.1750507
120	2.366870787	1.254925042	0.639610854	-0.258951205
140	2.755195406	1.503301683	0.67824323	-0.365390948
160	3.141554258	1.765346958	0.720450086	-0.497986077
180	3.52585763	2.042218356	0.766682499	-0.660994984
200	3.908009549	2.335207544	0.817464439	-0.85945129
220	4.287907186	2.645760353	0.873407269	-1.099328954
240	4.665440194	2.975500427	0.935227706	-1.387748506
260	5.040489954	3.326257353	1.045634315	-1.944251905
300	5.779869982	4.099378482	1.217874212	-2.939776119
340	6.507336595	4.985341311	1.435755446	-4.357602647
380	7.221486043	6.010685271	1.716695132	-6.386404668
420	7.920652999	7.210941781	1.969045932	-8.385187787
440	8.266128655	7.891199215	2.17997448	-10.1287503
460	8.607223158	8.634776528	2.425944948	-12.24587301
480	8.943635258	9.450893762	2.715019877	-14.83125374
500	9.275031897	10.35064222	3.057680606	-18.00944293
520	9.601043648	11.34748203	3.467739313	-21.94643447
540	9.921259312	12.45790648	3.963672995	-26.86672113
560	10.23521951	13.70234204	4.570615017	-33.07890596
580	10.54240903	15.10638709	5.323396861	-41.01504007
600	10.84224766	16.70254708		

注：T'——前 $n-1$ 段分段函数积累的时间；

x'——前 $n-1$ 段分段函数积累的距离。

根据表 6.5，可得关于 v_1 与 t 的分段函数

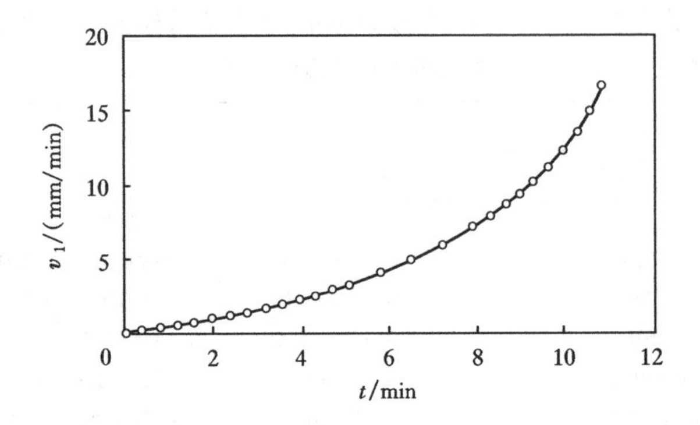

图 6.7　第三道次拉伸速度 v_1 与时间 t 的关系

$$
\begin{cases}
v_1 = 0.46424 & ,0 \leqslant t \leqslant 0.39852, \\
v_1 = 0.48806t - 0.00949 & ,0.39852 < t \leqslant 0.79511, \\
\quad\vdots & \\
v_1 = 4.57061t - 33.0789 & ,10.23521 < t \leqslant 10.54240, \\
v_1 = 5.32339t - 41.015 & ,10.54240 < t \leqslant 10.84224
\end{cases}
$$

6.3.2.2　第二种方案数学模型

在该方案中，锥形电柱拉伸模型如图 6.8 所示。

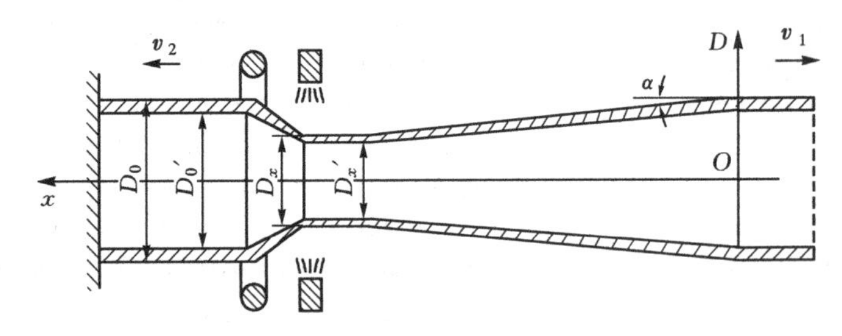

图 6.8　锥形电柱无模拉伸模型(第二方案)

如图 6.3 所示，采用三道无模拉伸工序成形锥形电柱。

(1) 第一、二道工序。

如图 6.3(b)(c)所示，由方管拉伸成前段为锥形管、后段为方管的管件，速度模型如下所述。

① 前段锥形管部分，在 x 处断面面积 A_x 是 x 的函数，根据体积不变条件，有

$$A_{n-1}v_2 = A_x(v_1 + v_2) \tag{6-19}$$

$$A_x = \frac{\pi}{4}(D_x^2 - D'^2_x)$$

$$A_{n-1} = \frac{\pi}{4}(D_{n-1}^2 - D'^2_{n-1})$$

式中：D'_{n-1}，D_{n-1}——第 n 道次拉伸前管材内、外径；

D'_x，D_x——第 n 道次拉伸后 x 处锥形管内、外径，n 取 1，2。

根据理论与实验结果

$$\frac{D'_x}{D_x} = \frac{D'_{n-1}}{D_{n-1}} = \sqrt{1-R}$$

又

$$D_x = D_{n-1} - 2x\tan\alpha_n$$

将以上各式代入式(6-19)，并将直径 D 用方管边长 l 替代，即可得到方管件无模拉伸速度模型

$$v_1 = \frac{l_{n-1}^2(l_{n-1} - 2x\tan\alpha_n)^2}{(l_{n-1} - 2x\tan\alpha_n)^2}v_2 \tag{6-20}$$

位移-时间关系为

$$l_{n-1}^2 x - 2l_{n-1}x^2\tan\alpha_n + \frac{4}{3}x^3\tan^2\alpha_n = l_{n-1}^2 v_2 t \tag{6-21}$$

② 后段平管部分，根据体积不变条件，有

$$A_{n-1}v_2 = A_n(v_1 + v_2) \tag{6-22}$$

又

$$A_n = l_n^2 - l'^2_n,\ A_{n-1} = l_{n-1}^2 - l'^2_{n-1}$$

式中：l'_{n-1}，l_{n-1}——第 n 道次拉伸前管材内、外边长；

l'_n，l_n——第 n 道次拉伸后平管内、外边长，n 取 1，2。

根据理论与实验结果

$$\frac{l'_{n-1}}{l_{n-1}}=\frac{l'_{n}}{l_{n}}=\sqrt{1-R}$$

将以上各式代入式(6-22)，得出拉伸速度 v_1、冷热源移动速度 v_2 的关系式

$$v_1=\frac{l_{n-1}^2-l_n^2}{l_n^2}v_2 \tag{6-23}$$

(2) 第三道工序。

将第二道工序的方管部分拉伸成锥形方管，如图 6.3(d)所示。将式(6-13)和式(6-14)中的直径 D_0 用方管边长 l_2 替代，将 $\alpha=\alpha_3$ 代入即可得到方管第三道工序无模拉伸速度模型和位移–时间关系

$$v_1=\frac{l_2^2-(l_2-2x\tan\alpha_3)^2}{(l_2-2x\tan\alpha_3)^2}v_2 \tag{6-24}$$

$$l_2^2x-2l_2x^2\tan\alpha_3+\frac{4}{3}x^3\tan^2\alpha_3=l_2^2v_2t \tag{6-25}$$

第一道次由方管拉成前段为锥管、后段为方管的管件，其数学模型分为锥形方管和方管两部分；第二道次将第一道次拉出的方管拉成前段为锥管、后段为方管的管件，其数学模型与第一道次相似，分为锥管和方管两部分；第三道次将第二道次拉伸的方管部分拉伸成锥管，其数学模型与前两道次前段拉成锥管部分相似；三个道次锥管角相同。

(3) 速度与时间的关系。

在锥形方管拉伸的模型中，得到的 v_1 与 t 的关系式都是隐式，同样采用分段多项式逼近的方法，得出各道次拉伸速度与时间的变化规律。

三道工序冷热源移动速度 v_2 相同，取 $v_2=50\text{mm/min}$。各道次锥角相同，$\alpha=0.6207°$。

① 第一道次拉伸。离散数据见表 6.6。离散数据的图形显示如图 6.9 所示。根据表 6.6，可得 v_1 与 t 的分段函数

$$
\begin{cases}
v_1 = 5.72119t & ,0 \leqslant t \leqslant 0.39139, \\
v_1 = 6.391224t - 0.03076 & ,0.39139 < t \leqslant 0.76583, \\
\quad \vdots & \\
v_1 = 30.24017t - 70.2133 & ,3.87281 < t \leqslant 3.99507, \\
v_1 = 50.59856 & ,3.99507 < t \leqslant 5.47053
\end{cases}
$$

表 6.6　第一道次拉伸离散数据

x	$T=\dfrac{l_0^2x-2l_0x^2\tan\alpha_1+\frac{4}{3}x^3\tan^2\alpha_1}{l_0^2v_2}$	$v_1=\dfrac{l_0^2-(l_0-2x\tan\alpha_1)^2}{(l_0-2x\tan\alpha_1)^2}v_2$	k	b
0	0	0	5.72118961	0
20	0.391395651	2.23924873	6.39122865	−0.26225037
40	0.765832989	4.632363374	7.15767557	−0.8492207
60	1.123687595	7.193770544	8.03710842	−1.83742849
80	1.465335048	9.939628167	9.04944463	−3.32084021
100	1.791150929	12.88808094	10.2187171	−5.41518371
120	2.101510816	16.05956082	11.5740561	−8.2634433
140	2.39679029	19.47714203	13.1509384	−12.0428993
160	2.67736493	23.16696183	14.9927856	−16.9741967
180	2.943610316	27.15872183	17.1530238	−23.3330959
200	3.195902029	31.48628757	19.6977517	−31.4657969
220	3.4346156467	36.18840913	22.7092256	−41.8090525
240	3.66012675	41.30959166	26.2904413	−54.9167559
260	3.872810919	46.90115232	37.1954039	−97.149614
270	3.972215919	50.59856144	0	50.59856144
280	4.073865271	50.59856144	0	50.59856144
300	4.271853732	50.59856144	0	50.59856144
320	4.46001077	50.59856144	0	50.59856144
340	4.636467613	50.59856144	0	50.59856144
360	4.80159984	50.59856144	0	50.59856144
380	4.955783031	50.59856144	0	50.59856144
400	5.099392766	50.59856144	0	50.59856144
420	5.232804624	50.59856144	0	50.59856144
440	5.356394185	50.59856144	0	50.59856144
460	5.47053703	50.59856144		

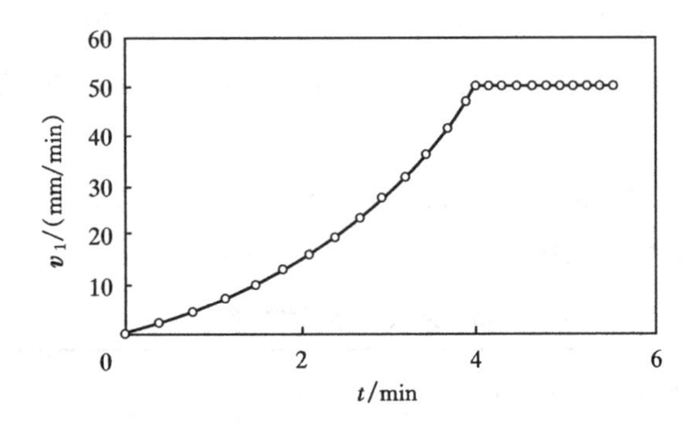

图 6.9　第一道次拉伸速度 v_1 与时间 t 的关系

② 第二道次拉伸。离散数据见表 6.7，数据的图形显示如图 6.10 所示。

表 6.7　第二道次拉伸离散数据

x	$T=\frac{l_1^2x-2l_1x^2\tan\alpha_2+\frac{4}{3}x^3\tan^2\alpha_2}{l_1^2v_2}$	$v_1=\frac{l_1^2-(l_1-2x\tan\alpha_2)^2}{(l_1-2x\tan\alpha_2)^2}v_2$	k	b
0	0	0	7.986366609	0
10	0.196942358	1.57285387	8.634574491	−0.12765959
20	0.387832402	3.221108178	9.346952399	−0.40394282
30	0.57276459	4.949660538	10.13103537	−0.85303778
40	0.751833379	6.763812771	10.99538676	−1.50288602
50	0.925133226	8.66931161	11.94975892	−2.38580741
60	1.092758587	10.67239426	13.00528209	−3.53923942
70	1.25480392	12.77983953	14.17468741	−5.00661379
80	1.411363681	14.9990252	15.47257062	−6.83839902
90	1.562532327	17.33799276	16.91570502	−9.09334317
100	1.708404316	19.8055203	18.52341386	−11.8399599
110	1.849074105	22.41120501	20.31801479	−15.15831
120	1.98463615	25.16555664	22.32535224	−19.1421445
130	2.115184908	28.08010365	24.57543684	−23.9014895
140	2.240814836	31.16751403	27.10321652	−29.5657757
150	2.361620392	34.44173316	29.94950933	−36.2876388
160	2.477696032	37.91814162	33.1621363	−44.2475519

续表 6.7

x	$T=\dfrac{l_1^2x-2l_1x^2\tan\alpha_2+\dfrac{4}{3}x^3\tan^2\alpha_2}{l_1^2v_2}$	$v_1=\dfrac{l_1^2-(l_1-2x\tan\alpha_2)^2}{(l_1-2x\tan\alpha_2)^2}v_2$	k	b
170	2. 589136213	41. 61373609	36. 79730255	−53. 6594925
180	2. 696035392	45. 54733753	42. 43460214	−68. 8578517
192	2. 815309392	50. 60868227	0	50. 60868227
200	2. 89796928	50. 60868227	0	50. 60868227
210	2. 995983573	50. 60868227	0	50. 60868227
220	3. 089826488	50. 60868227	0	50. 60868227
240	3. 278901229	50. 60868227	0	50. 60868227
260	3. 446149018	50. 60868227	0	50. 60868227
280	3. 597877593	50. 60868227	0	50. 60868227
290	3. 635447611	50. 60868227		

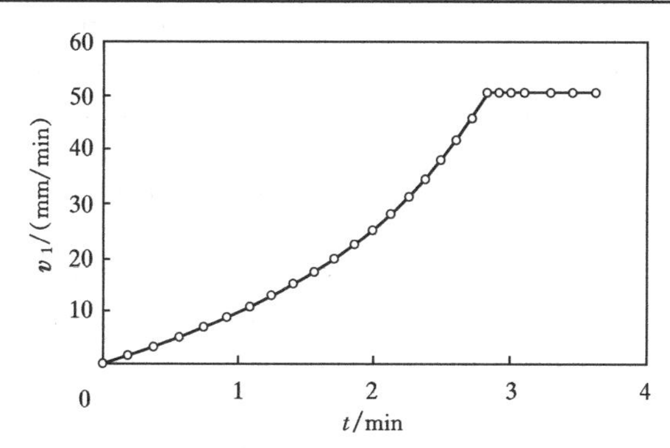

图 6.10　第二道次拉伸速度 v_1 与时间 t 的关系

根据表 6.7，可得 v_1 与 t 的分段函数

$$
\begin{cases}
v_1=7.98636t & ,0\leqslant t\leqslant 0.19694,\\
v_1=8.63457t-0.12766 & ,0.19694<t\leqslant 0.38783,\\
\quad\vdots & \\
v_1=42.4346t-68.8579 & ,2.69603<t\leqslant 2.81531,\\
v_1=50.60868 & ,2.81531<t\leqslant 3.63544
\end{cases}
$$

③ 第三道次拉伸。离散数据如表 6. 8 所列。该离散数据的图形显示如图 6. 11 所示。

表 6. 8 第三道次拉伸离散数据

x	$T=\frac{l_2^2x-2l_2x^2\tan\alpha_3+\frac{4}{3}x^3\tan^2\alpha_3}{l_1^2v_2}$	$v_1=\frac{l_2^2-(l_2-2x\tan\alpha_3)^2}{(l_2-2x\tan\alpha_3)^2}v_2$	k	b
0	0	0	11. 2015297	0
5	0. 098914052	1. 107988691	11. 8360256	-0. 0627606
10	0. 195672047	2. 253218795	12. 5141422	-0. 195449
15	0. 290297742	3. 437378203	13. 2394186	-0. 4059951
20	0. 382814895	4. 662251527	14. 0157257	-0. 7031771
25	0. 473247265	5. 929726825	14. 8473022	-1. 0967183
30	0. 56161861	7. 241802884	15. 7387936	-1. 5973965
35	0. 647952687	8. 600597103	16. 6952973	-2. 2171656
40	0. 732273255	10. 00835404	17. 7224122	-2. 9692944
45	0. 814604071	11. 4674547	18. 8262954	-3. 8685222
50	0. 894968893	12. 98042659	20. 0137249	-4. 9312347
55	0. 97339148	14. 54995467	21. 2921718	-6. 1756639
60	1. 049895589	16. 1788933	22. 66988	-7. 6221138
65	1. 124504978	17. 8702792	24. 1559585	-9. 2932164
70	1. 197243406	19. 62734565	25. 7604839	-11. 214224
75	1. 26813463	21. 45353788	27. 494618	-13. 413339
80	1. 337202408	23. 35253005	29. 3707411	-15. 922096
85	1. 404470499	25. 32824372	31. 4026036	-18. 775787
90	1. 469962659	27. 38486808	33. 6054991	-22. 013961
95	1. 533702648	29. 52688221	35. 99646161	-25. 680986
100	1. 595714223	31. 75907949	38. 5944922	-29. 826701
105	1. 656021142	34. 08659441	41. 4208177	-34. 507155
110	1. 714647163	36. 51493214	44. 4991886	-39. 785475
115	1. 771616045	39. 05000113	47. 8562217	-45. 732849
120	1. 826951544	41. 69814905	51. 5217951	-52. 429674
125	1. 880677419	44. 46620259	55. 5295047	-59. 966883
130	1. 932817429	47. 36151149	59. 9171931	-68. 447484
135	1. 98339533	50. 39199737		

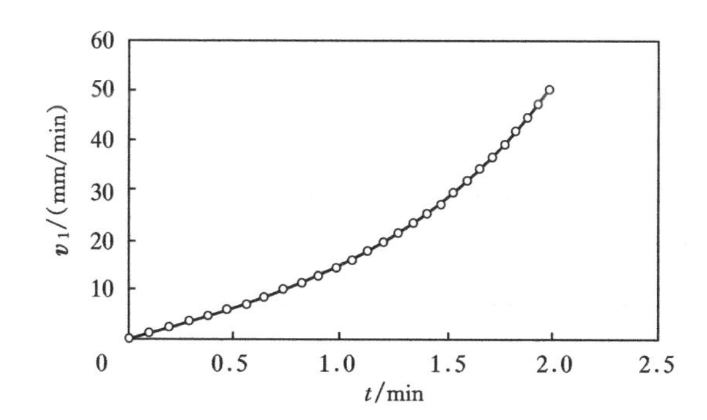

图6.11　第三道次拉伸速度 v_1 与时间 t 的关系

根据表6.8，可得关于 v_1 与 t 的分段函数

$$
\begin{cases}
v_1 = 11.20153t & ,0 \leqslant t \leqslant 0.09891, \\
v_1 = 11.83603t - 0.06276 & ,0.09891 < t \leqslant 0.19567, \\
\qquad \vdots & \\
v_1 = 55.5295t - 59.96695 & ,1.88068 < t \leqslant 1.93282, \\
v_1 = 59.91719t - 68.4475 & ,1.93282 < t \leqslant 1.98339
\end{cases}
$$

6.4　实验结果及结论

6.4.1　实验设备

锥形电柱的模拟实验是在无模拉伸实验机上进行的，无模拉伸试验机结构如图2.1所示。

采用1:10模拟比。

原料管为20mm×20mm×1.5mm的方管。

成品为7mm×7mm×0.5mm/20mm×20mm×1.5mm锥形管。

材料为低碳钢。

针对两种拉伸方案进行实验，每种方案均采用三道次拉伸。

6.4.2 实验结果

6.4.2.1 第一种方案实验结果

采用分段多项式逼近的方法，得出第一种方案各道次拉伸速度与时间的变化规律，如图 6.12 所示。

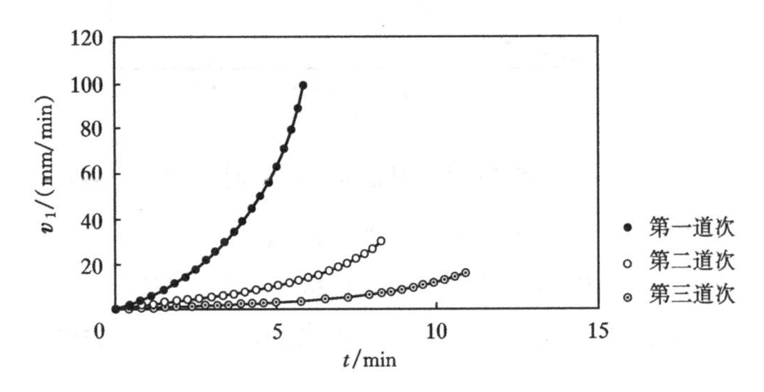

图 6.12 各道次拉伸速度 v_1 与时间 t 的变化规律(第一方案)

图 6.12 中，第一道次拉伸 $l_0=20\text{mm}$，$l_1=14.1\text{mm}$，$\alpha_1=0.4213°$；第二道次拉伸 $l_0=20\text{mm}$，$l_2=9.94\text{mm}$，$\alpha_2=0.5689°$；第三道次拉伸 $l_0=20\text{mm}$，$l_3=7.0\text{mm}$，$\alpha_3=0.6207°$。

从曲线中可以看出，随着 t 的逐渐增大，v_1 的值也逐渐增大，且 v_1 的变化程度逐渐增大。

在实际加工的过程中，采用了上述各个时间段上的主拉伸电机的理论速度值，并通过对主电机速度进行控制，最终得到较理想的加工结果。

图 6.13 所示为拉伸件计算外形与实测外形的比较，实测结果与拉伸件计算外形符合较好。

6.4.2.2 第二种方案实验结果

采用分段多项式逼近的方法，得出第二种方案各道次拉伸速度与时间的变化规律，如图 6.14 所示。

图 6.14 中，第一次拉伸 $l_0=20\text{mm}$，$l_1=14.1\text{mm}$；第二次拉伸

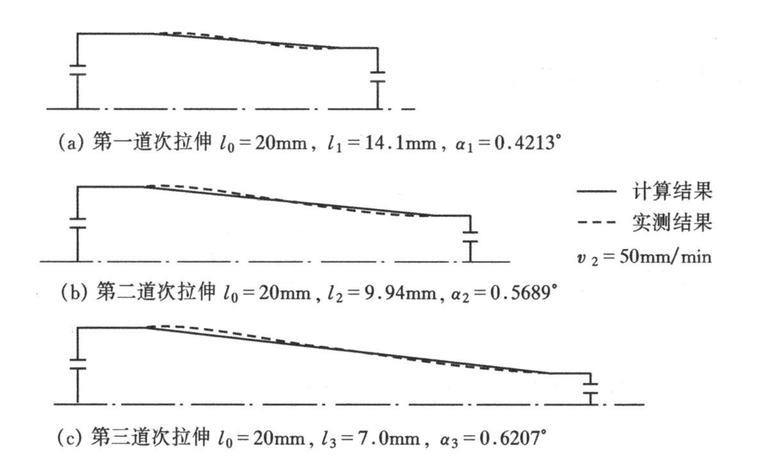

图 6.13　拉伸件计算外形与实测外形的比较(第一方案)

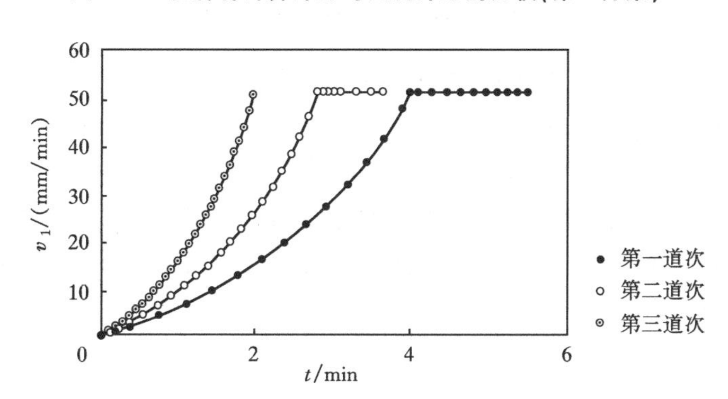

图 6.14　各道次拉伸速度 v_1 与时间 t 的变化规律(第二方案)

$l_1=14.1$mm，$l_2=9.94$mm；第三次拉伸 $l_2=9.94$mm，$l_3=7.0$mm，$\alpha=0.6207°$

从图 6.14 的曲线可以看出，第一、二道次随着 t 的逐渐增大，v_1 的值前段逐渐增加，且 v_1 的变化程度逐渐增大，后段 v_1 的值保持恒定；第三道次随着 t 的逐渐增大，v_1 的值逐渐增大，且 v_1 的变化程度逐渐增大。

图 6. 15 所示为拉伸件计算外形与实测外形的比较，实测外形与拉伸件计算外形吻合较好。

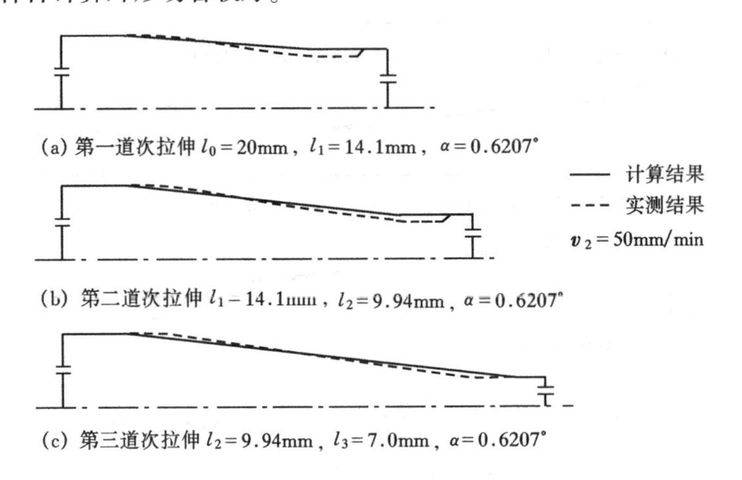

图 6. 15　拉伸件计算外形与实测外形的比较(第二方案)

在无模拉伸实验机上进行的 1∶10 灯柱锥形管模拟实验证明，无模拉伸的电柱壁厚不等，直径大的部分壁厚大，随直径减小壁厚变薄，底座部分的厚度大于上部，增加使用的稳定性；另外，由于拉伸变形过程同时进行热处理，使电柱的强度和韧性都有所提高；无模拉伸工艺可行，设备满足要求，模拟实验产品外形美观，质量优越。

6. 4. 3　两种方案实验结果的比较

两种方案都是由 3 道次拉伸得到所需产品的。

第一种方案中，各道次加工都是对整个工件进行的，从工件的一端开始到另一端结束。第一道次是由方管拉伸成锥管，第二、三道次是由锥管拉伸成锥管，详见图 6. 2。

第二种方案中，第一、二道次是由方管拉伸成前段为锥管、后段为方管的管件，第三道次则是由方管拉伸成锥管。二、三道次都是对工件进行局部加工，在上一道次拉伸出的锥管部分保持不变的基础上，只对上一道次拉伸出来的方管部分进行加工，详见图6.3。

两种方案进行中，第一种方案所得产品表面质量好，缺陷少，但耗能多；第二种方案设计数学模型较简单，从而速度控制相对简单，而且二、三道次只是对管材的一部分进行加工，从而降低了能源消耗，但该方法各道次衔接的部位容易出现轴向波浪形等缺陷。

本章参考文献

[1] 夏鸿雁,吴迪,栾瑰馥．异型断面锥形电柱无模拉伸工艺研究[J]．塑性工程学报,2009,16(2):140－143.

[2] Wengenroth W, Pawelski O, Rasp W. Theoretical and experimental investigation into dieless drawing [J]. Steel Research, 2001,72(10):402－405.

[3] 夏鸿雁,吴迪,栾瑰馥.变截面管无模拉伸成型方法[J].热加工工艺,2009,38(9):63－65.

[4] Sekiguchi H, Kobatake K. Development of dieless drawing process[J]. Advanced Technology of Plasticity,1987(1):347－353.

[5] 栾瑰馥,小畠耕二,等. ダィレスフオ－ミソグにすゐ异型钢管のテ－パ引拔き加工[C].第42回塑性加工連合演講會論文,札幌:1991.

[6] Wang Z T, Zhang S H, Xu Y, et al. Experimental study on the variation of wall thickness during dieless drawing of stainless steel tube[J]. Journal of Materials Processing Technology, 2002(120):90－93.

[7] 夏鸿雁,吴迪,栾瑰馥. 一种新型的锥形方管无模拉伸成形工艺[J]. 钢铁,2009,44(7):50－52.

[8] 栾瑰馥,曹立,董学新.无模拉伸 Ti－6Al－4V 合金研究[J].金属学报,1999,35(1):616－620.

[9] K Kobatake, G F Luan. A new forming method of non－circular tapered pipe [C]. Advanced technology of Plasticity, 1993, 1:67－72. Proceedings of the 4th International Conference on Technology of Plasticity(ICTP).(Beijing)P. R. China. 1993.

第7章　管材无模弯曲

在第5章、第6章中，针对管材进行了局部高温变形与快速冷却相结合的无模拉伸工艺研究。结果表明，通过适当的加热和冷却，不采用模具也可实现对管材预期的拉伸变形。本章把局部加热成形的方法用于管材的弯曲加工。无模弯曲与无模拉伸相同，不使用模具，是仅靠快速加热、快速冷却及后推力实现的柔性弯管工艺，能够实现任意角度的弯曲。

管材弯曲是管材二次加工中使用最多的工艺。对于管材弯曲，断面形状和厚度都会发生变化，如果弯曲半径太小，还会产生皱折、破裂等现象。在通常的弯曲加工中，为了抑制断面形状的破坏和皱折的产生，通常采用弯曲模具和芯棒的加工方法。但是，对于断面形状不是圆形的异型断面管材来说，制造弯曲模具和芯棒等工具非常困难。

无模弯曲是将管材局部加热与快速冷却相结合的局部弯曲成形，是管材弯曲的理想加工方法。特别是对于高强度、高摩擦、低塑性类的材料，应用有模弯曲很困难，而用无模弯曲则轻而易举；对于异型断面管材，则不需要弯曲模具和芯棒，很容易弯曲各种异型管材。由于不受模具设计和制造的限制，对于难加工的各种异型管材，可采用无模弯曲加工方法。

同时，无模弯曲加热范围小，变形宽度小，阻止了弯曲内侧皱折和外侧裂纹的产生，显著地提高了弯曲变形程度。因此，可以把无模弯曲作为一种提高弯曲变形程度的方法。

本章进行管材无模弯曲的基础研究。采用无模弯曲装置进行了圆管、方管、椭圆管和异形管的弯曲加工。研究了变形区宽度等参数对各种断面管材极限弯曲半径的影响。

7.1 无模弯曲试验装置

实验所用的无模弯管机是由无模拉伸实验机(见图2.1)改装而成的，借助了车床本身的传动装置，安装了一系列配套设备，在无模拉伸机上加一悬臂，据此实现无模弯曲。

当需要弯曲时，可将无模拉伸机上固定卡头取消，在一侧安装上旋转臂装置，将拉伸卡头的拉伸力改成推力，在无模拉伸机上采用无模弯曲完成要求的任意角度的弯头加工工序。其无模弯曲方法如图7.1所示。

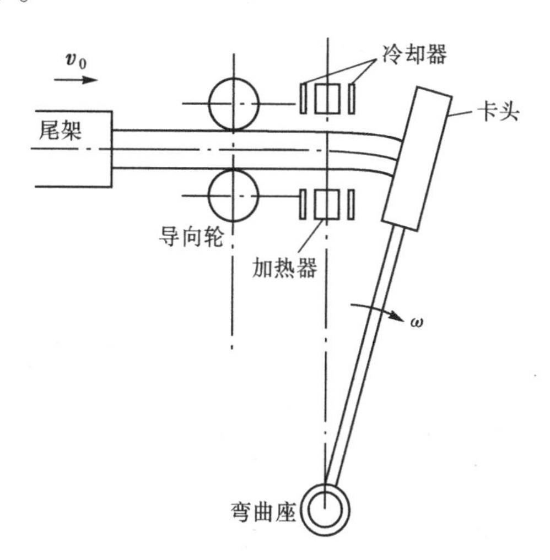

图7.1 无模弯曲方法

管材的一端固定在尾架上，另一端被旋转壁上的钳头所固定，采用高频感应快速局部加热，用冷却介质(压缩空气、水)强制冷却控制加热宽度，从而达到控制变形宽度的目的，以实现连续弯曲。其工作原理是利用金属的变形抗力随温度的不同而不同这一特性，即在一定的温度范围内，金属的变形抗力随温度的升高而减弱，金属的变形抗力越小，越容易塑性变形；相反，温度越低，金属的变形抗力越大，越难以塑性变形。具体来说，尾架以恒定速度 v_0 推动管材向前运动，管材逐次通过加热器和冷却器，首先被加热器加热到800～900℃的高温，管材在移动、变形及绕着固定的旋转臂转动的同时被冷却到较低温度。由于高频加热速度快，而普碳钢等热阻大、传热慢，并用水强制冷却控制了加热宽度，保证了管材的稳定变形性能。管材的加热区被控制在一个很小的局部，温度高，易于塑性变形。而变形宽度的两外侧，由于采用冷却水保持了较低的温度，金属变形抗力高，不发生塑性变形。于是实现了高频感应弯曲，未加热区逐渐匀速进入加热，继而被弯曲的同时被冷却，形状固定下来。这样由于管材连续不断地被加热、弯曲和冷却，整个管材在长度方向被弯曲，从而实现了弯曲成形。

7.2 实验材料

实验中所用管材的断面形状和尺寸见表7.1，管材的化学成分见表7.2。

表7.1 在试验中所用管的断面形状和尺寸

断面形状	外观尺寸/mm	壁厚 t_0/mm	试件长度 L/mm
t_0 D_0	$D_0=21$	1.6 2.0	300
	$D_0=22.2$	1.2 1.6	300
	$D_0=31.8$	1.2 1.6	300
	$D_0=18.5$	1.6	300
	$D_0=18$	2.5	300
t_0 D_2 D_1	$D_1=25$ $D_2=12$	1.2	300

表7.2 实验所用材料的化学成分

材料	化学成分(质量分数)/%							
	C	Si	Mn	Cr	Ni	P	S	其他
Q235	0.18	0.24	0.46			0.04	0.05	少量
$1Cr_{18}Ni_9$	0.11	0.8	1.6	19	10			少量

7.3 圆管无模弯曲

在无模弯曲中，用管弯曲内侧出现皱折表示加工极限值的状况。将产生皱折的最小弯曲半径 R_{min} 与加工前圆管断面的外径 D_0 的比值 R_{min}/D_0 定义为加工极限值。图7.2表示使管壁厚 t_0 发生变化时，加工极限值 R_{min}/D_0 与变形宽度 W 的关系。

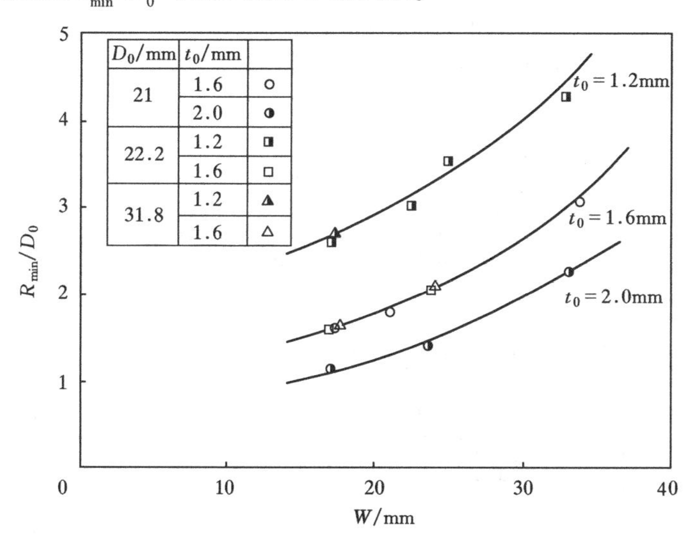

图7.2 管壁厚变化时加工极限值 R_{min}/D_0 和变形宽度 W 的关系

实验取材是外径 D_0 和壁厚 t_0 不同的6种圆管。

无论哪种圆管，加工极限值 R_{min}/D_0 均随着变形宽度 W 的增加而增加，随变形宽度 W 的减小而减小。所以弯制小弯曲半径 R 管材，必须将变形宽度控制得足够小。

加工极限值 R_{min}/D_0 还与管外径 D_0 有关。当变形宽度 W 和壁厚 t_0 不变，根据管外径 D_0 的不同，加工极限值发生变化。管外径 D_0 越大，在相同变形宽度 W 下，其 R_{min}/D_0 值增大。

在相同变形宽度 W 下，管壁厚 t_0 越大，加工极限值越小。

用变形宽度 W 与管壁厚 t_0 的比值（称相对变形宽度）整理出加工极限值，如图 7.3 所示。加工极限值 R_{min}/D_0 与相对变形宽度 W/t_0 基本成线性关系，关系式为

$$\frac{R_{min}}{D_0}=0.15\times\frac{W}{t_0}\pm0.25 \tag{7-1}$$

式中：R_{min}——最小弯曲半径；

D_0——加工前圆管断面外径；

W——变形宽度；

t_0——管壁厚。

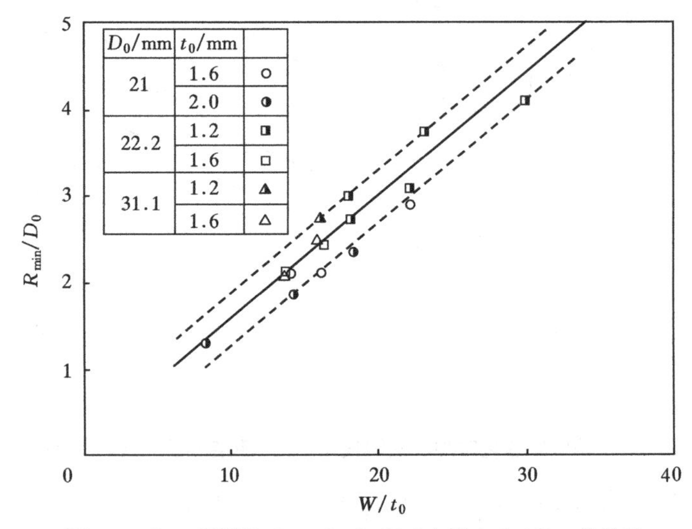

图 7.3 加工极限值 R_{min}/D_0 与相对变形宽度 W/t_0 的关系

7.4　椭圆管成形情况

图 7.4 表示椭圆管的加工极限值 R_{min}/D_0 和相对变形宽度 W/t_0 的关系。椭圆管加工极限值是最小弯曲半径与管断面长径 D_1 的比值。和圆管一样，椭圆管的相对变形宽度 W/t_0 越小，加工极限值越小。

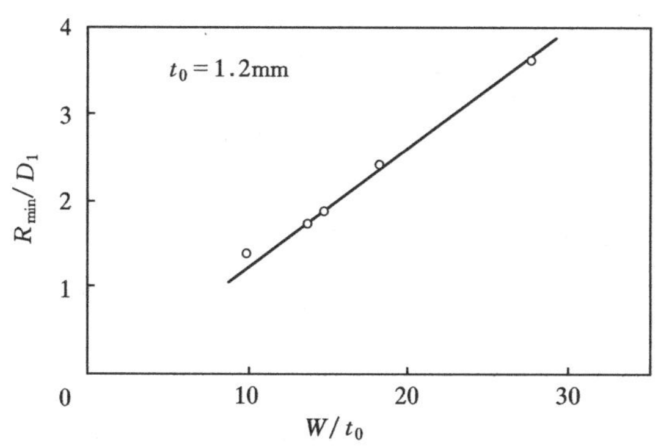

图 7.4　椭圆管加工极限值 R_{min}/D_1 和相对变形宽度 W/t_0 的关系

表示椭圆管的加工极限值的实验公式为

$$\frac{R_{min}}{D_1} = 0.13 \times \frac{W}{t_0} \tag{7-2}$$

式中：R_{min}——最小弯曲半径；

D_0——加工前管断面长径；

W——变形宽度；

t_0——管壁厚。

与圆管加工极限值 R_{min}/D_0 与 W/t_0 关系式相比，直线梯度系数差值是 0.02，相当小。实验证明，用通常的弯曲加工方法加工椭圆管比较困难。如果采用无模弯曲加工，则能够加工成与圆管同样弯曲程度的小弯曲半径。

7.5 方管弯曲成形

方管的加工极限值 R_{min}/D' 与相对变形宽度 W/t_0 的关系如图 7.5 所示。

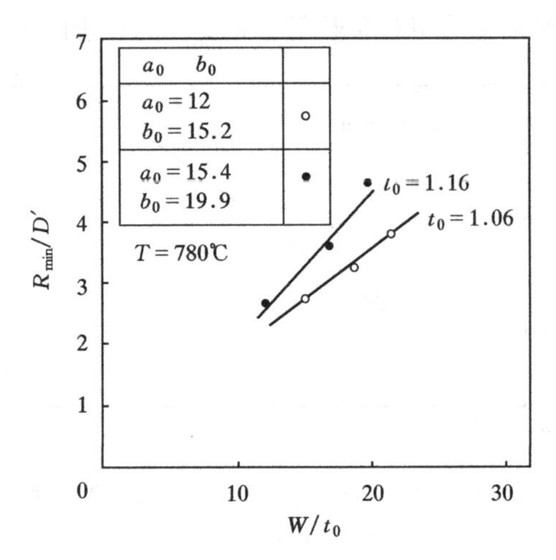

图 7.5 方管加工极限值 R_{min}/D 与相对变形宽度 W/t_0 的关系

由图 7.5 可知，方管的加工极限值 R_{min}/D' 也随着相对变形宽度 W/t_0 的变化而变化。即 W/t_0 增加，加工极限值 R_{min}/D' 增加；W/t_0 减小，R_{min}/D' 减小。

方管的加工极限值 R_{min}/D' 不仅与相对变形宽度 W/t_0 有关，还与方管自身的成形规格有关。方管自身的规格尺寸增大，即 D' 增加，其加工的极限值 R_{min}/D' 增加；D' 减小，其加工的极限值 R_{min}/D' 减小。

其加工极限值与相对变形宽度的回归方程为

$$\frac{R_{min}}{D'}=0.0757\left(\frac{W}{t_0}\right)+1.799,\quad \gamma=0.8445 \tag{7-3a}$$

$$\frac{R_{min}}{D'}=0.0567\left(\frac{W}{t_0}\right)+2.307,\ \gamma=0.921 \tag{7-3b}$$

式中：R_{min}——最小弯曲半径；

D'——加工前等效圆外径；

W——变形宽度；

t_0——加工前壁厚；

γ——回归相关系数。

式(7-3a)为 12mm × 15.2mm × 1.06mm 方管的回归方程。式(7-3b)为 15.4mm ×19.9mm ×1.16mm 方管的回归方程。

7.6 “十”字花管的弯曲成形实验

在采用压缩空气作为冷却介质的情况下，弯曲“十”字花管，其弯曲半径在 2.8mm 左右，完成了优质成形。

综上所述，无模弯曲成形圆管、椭圆管、方管及“十”字花管的弯曲加工极限值 R/D_0(R/D')与相对变形宽度 W/t_0、几何尺寸和不同形状之间的关系研究结果如下。

① 在无模弯曲过程中，无论是圆管还是异型管，其加工极限值 R/D_0(R/D')均与相对变形宽度 W/t_0 成正比；

② 对于同一类型的管材，其加工极限值还与几何尺寸有关，如对 D_0（D'），在 W/t_0 一定时，D_0（D）值增加，加工极限值 R/D_0(R/D')增加；

③ 在同一变形宽度下(W/t_0 相同)，不同形状的管材加工极限值 R/D_0 与 R/D'不一样。这是因为加工极限值与成形工艺及本身的成形性能紧密相关。

异型管弯曲加工实验采用一般构造用碳素钢管，加热线圈采用圆形单圈，线圈宽度 1mm，水喷雾冷却，变形区宽度 W 为 18mm，用最小弯曲半径加工异型管。无论哪个异型管都没有皱折产生，都被很好地弯曲加工。

由以上可知即使是断面形状复杂的异型管，也能用无模弯曲容易地进行加工。因而，异型管的弯曲加工有望得到实用化。

本章参考文献

[1] Kuriyama, Aida. Theoretical analysis of bending of tube having uniform distribution of temperature by high frequency induction heating[C]. Advanced Technology of Plasticity 1993—Proceeding of the Fourth International Conference on Technology of Plasticity,464 -469.

[2] 關口秀夫,等. 高周波誘導加熱にょゐ管材の曲げ加工[J]. 塑性と加工,1987,28(313):103 -110.

[3] 浅尾宏,等. 波誘導加熱を用ぃた管材の曲げ加工におけゐ减肉抑制[J]. 性と加工,1992,33(372):49 -55.

[4] Wang Zhutang, et al. Theory of pipe - bending to small bend radius using induction heating [J]. Journal of Materials Process Technology,1990(21):275 -284.

第 8 章　管材无模弯曲扁平化及影响因素

本章在研究诸因素对各种断面管材极限弯曲半径的影响的基础上，分析弯曲成形变形区宽度等参数对扁平化的影响。该项研究为管材无模拉伸的应用提供实验基础。

8.1　圆管扁平化及影响因素

一般加工圆管时，随着横断面的扁平化，弯曲的内侧壁厚增加，弯曲的外侧壁厚减小，如图 8.1 所示。

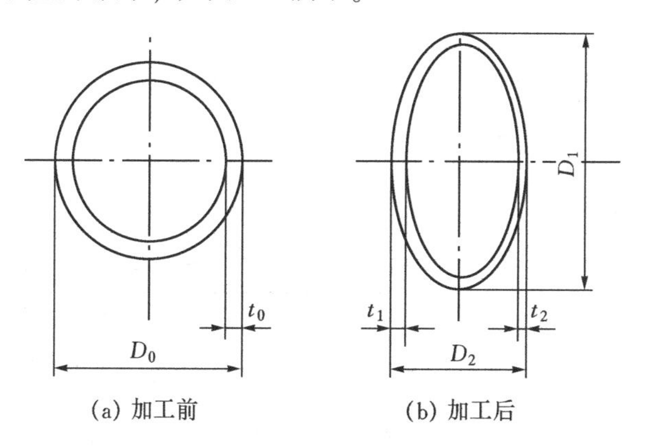

图 8.1　弯曲加工前后管横断面形状

把加工前后横断面形状的变化用扁平化率 λ_1，λ_2 表示，弯曲内侧与弯曲外侧厚度变化用壁厚变化率 β_1，β_2 来表示，有

$$\lambda_1 = \frac{D_1 - D_0}{D_0} \times 100\% \tag{8-1}$$

$$\lambda_2 = \frac{D_2 - D_0}{D_0} \times 100\% \quad (8\text{-}2)$$

$$\beta_1 = \frac{t_1 - t_0}{t_0} \times 100\% \quad (8\text{-}3)$$

$$\beta_2 = \frac{t_2 - t_0}{t_0} \times 100\% \quad (8\text{-}4)$$

式中：D_1，D_2——加工变形后最大、最小外径；

t_1，t_2——加工后管内、外侧壁厚；

D_0，t_0——加工前管外径、壁厚。

图 8.2 表示圆管扁平化率 λ_1，λ_2 和相对弯曲半径 R/D_0 以及变形宽度 W 的关系。管壁厚 t_0 为 1.6mm，变形宽度 W 为 18，34mm。W 不同，扁平化率也不同，$W = 18$mm 时扁平化率较 $W = 34$mm 时小。

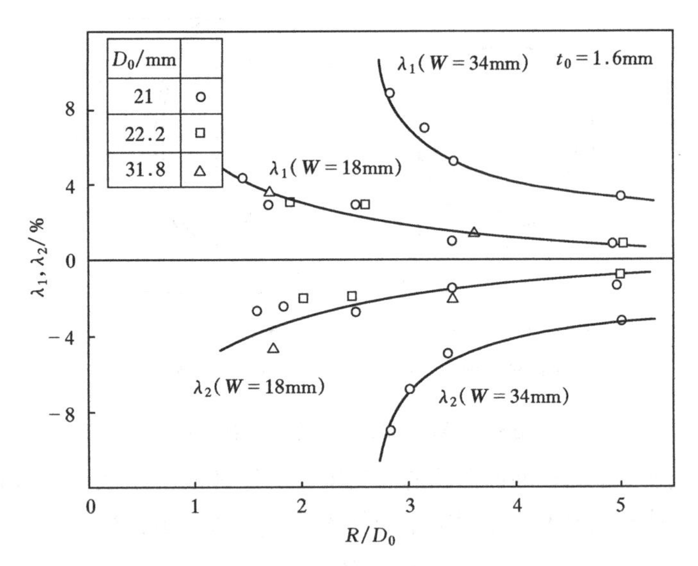

图 8.2 圆管扁平化率 λ_1，λ_2 和相对弯曲半径 R/D_0 的关系

在相对弯曲半径 R/D_0 及其他条件不变的情况下，变形宽度增加，扁平化率增加，变形宽度减小，其扁平化率减小。

在变形宽度一定的情况下，圆管扁平化率 λ_1，λ_2 的绝对值随着相对弯曲半径 R/D_0 的增大而减小；反之，则随着 R/D_0 的减小而增大。

引起扁平化的主要原因，在于弯曲半径 R 和变形宽度 W 共同作用所引起的塑性变形区应力分布的变化。由于无模弯曲成形不可避免地造成塑性变形区应力分布不均匀，其应力的分布不均匀越严重，其扁平化将越大。由于在无模弯曲时，圆管径向处于自由状态，其变形不受外界约束，金属流动的自由度很大，随着弯曲半径减小，拉压应力区的最大值增加，其扁平化增加。在其他约束条件不变的情况下，增大变形区的宽度，更方便金属质点参与非均匀流动，于是加剧了扁平化。

管壁厚 t_0 对横断面的扁平化也有影响。图 8.3 所示是 t_0 为 1.6mm 和 2.0mm 时的扁平化率，t_0 = 2.0mm 时扁平化率较小。

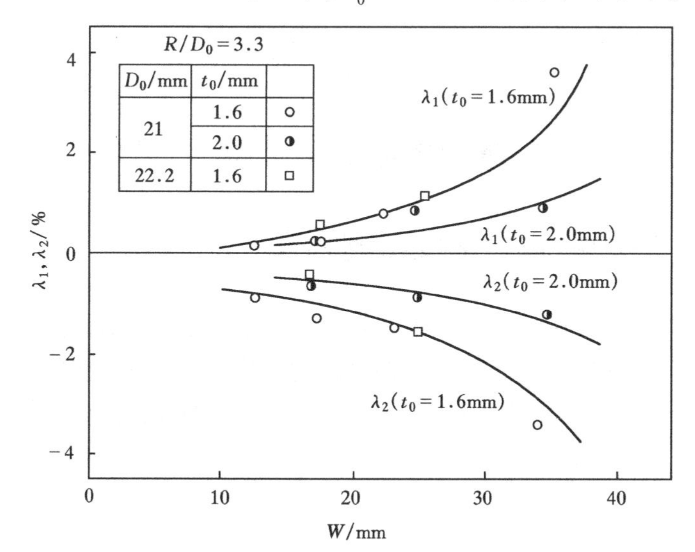

图 8.3 圆管扁平化率 λ_1，λ_2 和变形宽度 W 的关系

图 8.4 所示是壁厚变化率 β_1，β_2 和变形宽度 W 的关系。取 R/D_0 为 19 和 13.3 时进行实验。即使 W 和 t_0 不同，壁厚变化率也基本不变。即壁厚的变化率只由弯曲半径决定。弯曲内侧厚度变化率 β_1 比弯曲外侧厚度变化率 β_2 约大 2 倍，这是由于无模弯曲是压弯形式的弯曲加工。

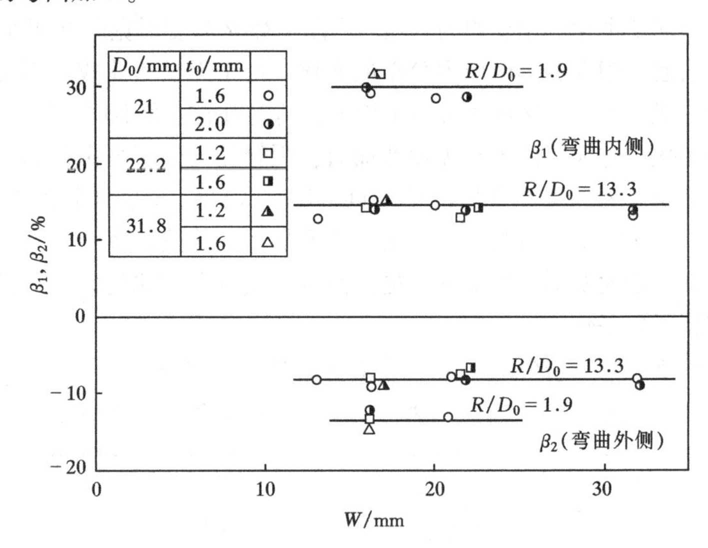

图 8.4 壁厚变化率 β_1，β_2 和变形宽度 W 的关系

8.2 椭圆管扁平化及影响因素

对于圆管无模弯曲，弯曲半径、变形宽度和壁厚不同，扁平化率也不同。厚度变化率只受弯曲半径的影响。以下讨论变形厚度对椭圆管扁平化以及厚度变化的影响。椭圆管弯曲加工前后横断面形状如图 8.5 所示。

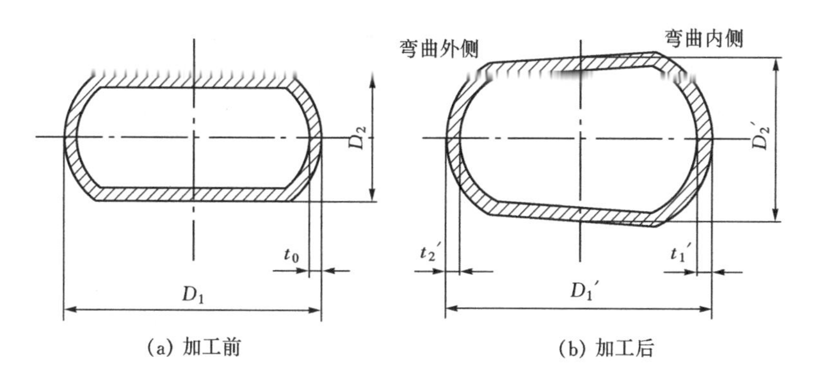

图 8.5　弯曲加工前后椭圆管的横断面形状

椭圆管横断面形状变化成卵形，因此，把椭圆管的长轴与短轴方向的扁平化率表示为各自的 λ'_1，λ'_2，定义如下

$$\lambda'_1 = \frac{D_1 - D'_1}{D_1} \times 100\% \tag{8-5}$$

$$\lambda'_2 = \frac{D_2 - D'_2}{D_2} \times 100\% \tag{8-6}$$

式中：D_1，D_2——各自加工前椭圆管的长轴与短轴；

D'_1，D'_2——加工后椭圆管的长轴与短轴，D'_2 的值是弯曲内侧、中央、外侧 3 个部位的平均值。

另外，弯曲内侧和外侧壁管厚度变化率 β'_1，β'_2 有如下定义

$$\beta'_1 = \frac{t'_1 - t_0}{t_0} \times 100\% \tag{8-7}$$

$$\beta'_2 = \frac{t'_2 - t_0}{t_0} \times 100\% \tag{8-8}$$

式中：t_0——加工前管壁厚度；

t_1'，t_2'——加工后内、外侧管壁厚度。

图 8.6 所示是弯曲半径 R 为 65mm 时，扁平化率 λ'_1，λ'_2 和变形宽度 W 的关系。长轴方向的扁平化率 λ'_1 在 W 为 12 ~ 22mm 范围

内基本不变。可是，当 W 在 18mm 以上时，短轴方向的扁平化率 λ'_2 会急剧变大。这表明，椭圆管弯曲时，与长轴方向相比，短轴方向断面更容易发生破裂。把变形宽度 W 变小，能很好地抑制扁平化。

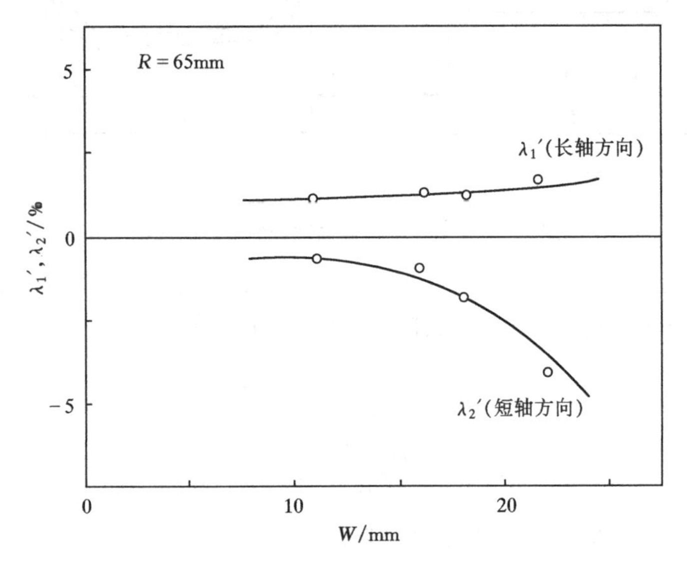

图 8.6 扁平化率 λ'_1，λ'_2 和变形宽度 W 的关系

图 8.7 表示壁厚变化率 β'_1，β'_2 和变形宽度 W 的关系。对于椭圆管来说，即使改变 W，厚度变化率也基本不变，与圆管有同样的倾向。

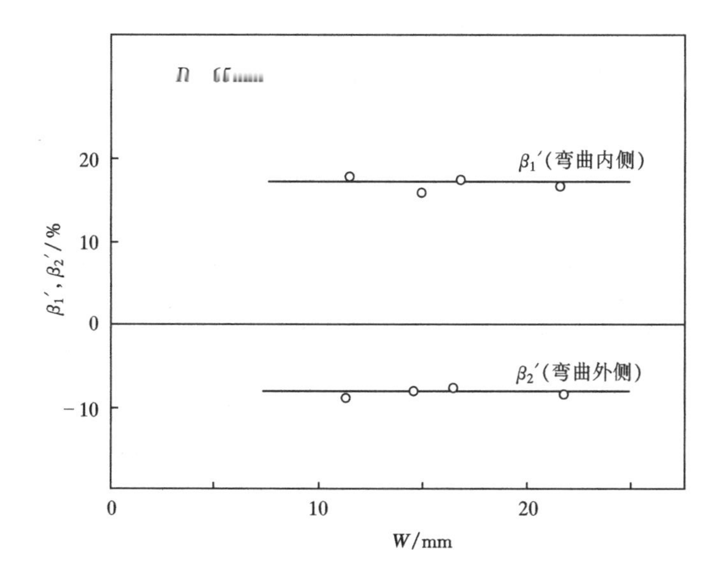

图8.7　椭圆管壁厚变化率 β'_1，β'_2 和变形宽度 W 的关系

8.3　方管的扁平化及实验结果

在无模弯曲成形过程中，圆管弯曲为轴对称形状，因此其弯曲中性面均为相似的。对于方管弯曲而言，选用不同的弯曲对称线，其加工后的形状及尺寸不同。

8.3.1　用方管对角线作为弯曲对称线

加工前后断面形状如图8.8所示，其扁平化率的计算公式采用式(8-9)

$$\left.\begin{aligned}\lambda'_1 &= \frac{b_1 - b_0}{b_0}\times 100\% \\ \lambda'_2 &= \frac{b_2 - b_0}{b_0}\times 100\%\end{aligned}\right\} \tag{8-9}$$

式中：λ'_1，λ'_2——扁平化率；

b_1——加工后最大对角线长度；

b_2——加工后最小对角线长度；

b_0——加工前对角线长度。

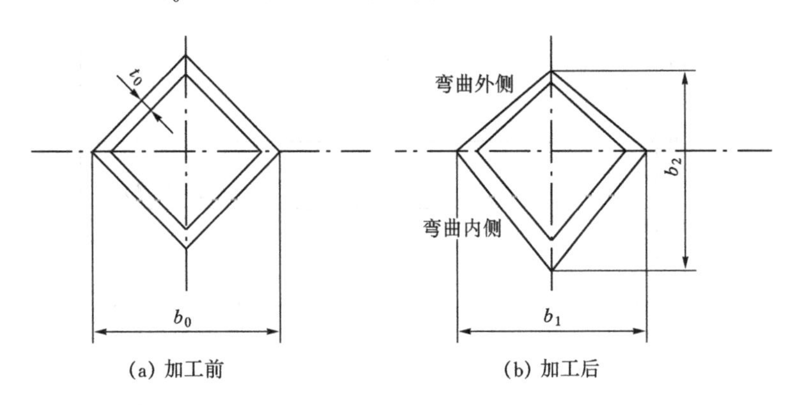

图 8.8 加工前后断面形状

8.3.2 用边长中心作为弯曲中性线

方管加工前后断面形状如图 8.9 所示。

其扁平化率的计算公式采用式(8-10)

$$\left.\begin{aligned}\lambda''_1 &= \frac{a_1 - a_0}{a_0} \times 100\% \\ \lambda''_2 &= \frac{a_2 - a_0}{a_0} \times 100\% \\ \lambda''_3 &= \frac{a_m - a_0}{a_0} \times 100\%\end{aligned}\right\} \tag{8-10}$$

式中：λ''_1，λ''_2，λ''_3——扁平化率；

a_1——加工后长边长度；

a_2——加工后短边长度；

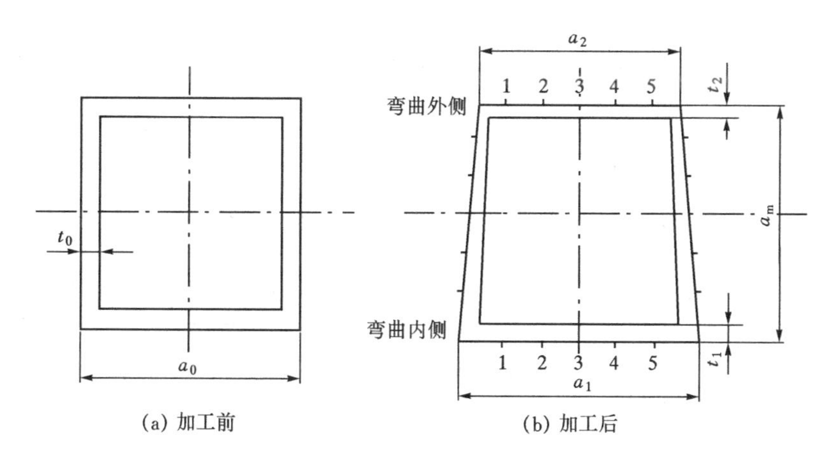

图 8.9　加工前后断面形状

a_m——径向最小长度；

a_0——加工前长度。

8.3.3　方管壁厚变化结果分析

测量壁厚变化的总趋势为，弯曲最内侧其壁厚增加量最大，而其最外侧壁厚增加量负值绝对值最大，在其最内侧，最外径的标号为3的点达到最大。这主要是不均匀变形的最终效果，是由其弯曲内外侧应力分布的不均匀性造成的。

(1) 由无模弯曲成形过程可知，弯曲的最内侧受到最大压应力，产生最大镦粗效果，使内侧壁增厚；相反，弯曲最外侧受到最大拉应力作用，其减壁量应为最大。

(2) 在弯曲的同一边上，其壁厚变化也完全相同，从其理论上讲，因为其减壁和增壁均只与弯曲半径有关，即对于同一规格的方管而言，其弯曲内、外边长上壁厚变化量应该相同；但是，由于其变形应为一个整体，其变形又存在协调性，由于塑性变形宽度存在四个顶角部分，其产生变形畸异点，对延伸和压缩均有抑制作用，所以出现了在同一边长上壁厚变化不均的效果。

8.3.4 方管按图 8.8 弯曲的结果及分析

方管的扁平化率 λ'_1，λ'_2 与相对弯曲半径 R/D' 及变形宽度 W 的关系如图 8.10 所示。

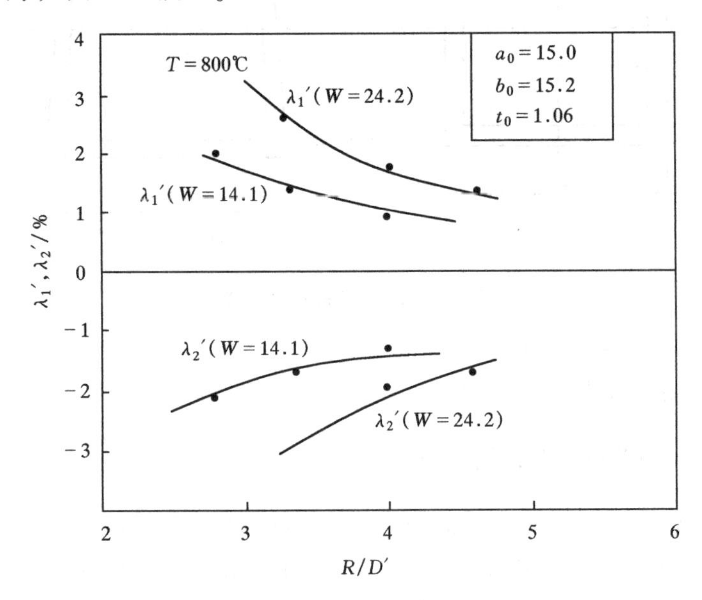

图 8.10 扁平化率 λ_1，λ_2 与相对弯曲半径 R/D' 的关系

其扁平化规律如下。

① 在一定的变形宽度下，扁平化率 λ'_1，λ'_2 随着弯曲半径的增加而减小；随着弯曲半径的减小而增加。

② 在相对弯曲半径 R/D' 一定的情况下，其扁平化率随变形宽度的增大而增大；随变形宽度的减小而减小。

其扁平化率 λ'_1，λ'_2 的经验见式(8-11)

$$\left.\begin{aligned}\lambda'_1 &= 0.517(R/D')^{-1.574}(W/t_0)^{1.12}\\ \lambda'_2 &= 2.181(R/D')^{-1.681}(W/t_0)^{0.553}\end{aligned}\right\}\tag{8-11}$$

式中：λ'_1，λ'_2——扁平化率；

R/D'——非线性弯曲半径；

W/t_0——相对变形宽度，

D'——方管等效圆外径。

8.3.5　方管按图 8.9 弯曲的结果及分析

方管的扁平化率 λ''_1，λ''_2，λ''_3 与相对弯曲半径 R/D'及变形宽度关系如图 8.11 所示。

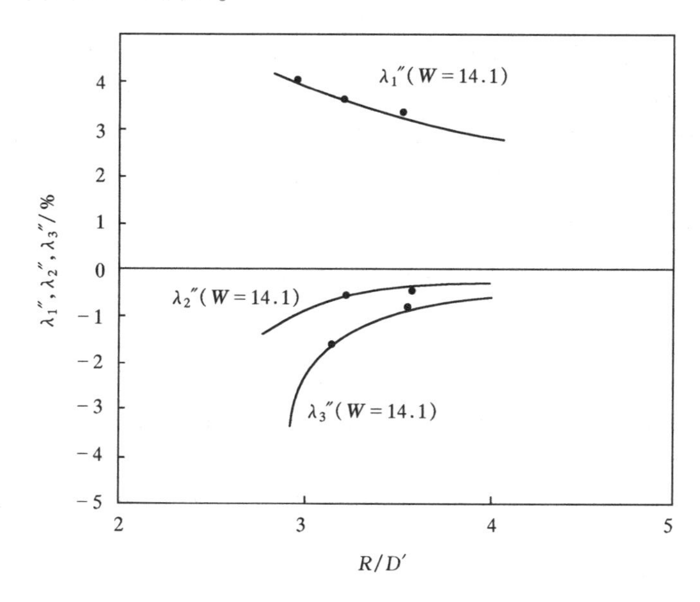

图 8.11　扁平化率 λ''_1，λ''_2，λ''_3 与相对弯曲半径 R/D'的关系

其扁平化规律如下。

① 在一定变形宽度下，扁平化率 λ''_1，λ''_2，λ''_3 随着相对弯曲半径 R/D'的增加而减小，随着相对弯曲半径 R/D'的减小而增大。

② 其在变形宽度恒定的情况下，扁平化率 λ''_1，λ''_2，λ''_3 的回归见式(8-12)

$$
\left.\begin{aligned}
\lambda''_1 &= 2.858(R/D')^{-1.31},\ \gamma = 0.999 \\
\lambda''_2 &= -5.93(R/D')^{-5.19},\ \gamma = 0.932 \\
\lambda''_3 &= -8.59(R/D')^{-6.877},\ \gamma = 0.9997
\end{aligned}\right\} \quad (8\text{-}12)
$$

式中：λ''_1，λ''_2，λ''_3——扁平化率；

R——弯曲半径；

D'——方管等效直径；

γ——相关系数。

综上实验结果及分析，影响扁平化的主要因素为弯曲半径 R 和变形宽度。在变形宽度一定的情况下，扁平化随着弯曲半径 R 的增加而减小；反之，随着弯曲半径的减小，其扁平化加剧。在弯曲半径一定的情况下，随着变形宽度的增加，扁平化加剧；随着变形宽度的减小，其扁平化减弱。

本章参考文献

[1] Kuriyama, Aida. Theoretical analysis of bending of tube having uniform distribution of temperature by high frequency induction heating[C]. Advanced Technology of Plasticity 1993—Proceeding of the Fourth International Conference on Technology of Plasticity,464 –469.

[2] Wang Zhutang, et al. Theory of pipe – bending to small bend radius using induction heating [J]. Journal of Materials Process Technology,1990(21):275 –284.

[3] 赵志业,王国栋. 现代塑性加工力学[M]. 沈阳:东北工学院出版社,1986.

[4] 陈昌平. 材料成形原理[M]. 北京:机械工业出版社,2006.

第 9 章　管材无模拉伸变形及拉伸力的理论解析

在稳定的无模拉伸过程中，拉伸件变形区形状不受外界几何条件的约束，它只是受各断面变形温度、变形速度不同，而拉伸力相同这一物理条件约束；由于变形速度场和应力场又直接取决于拉伸变形区形状，因此直接求解变形区形状是非常困难的；如何合理地确定拉伸件变形区形状是无模拉伸变形理论研究的关键问题，也是本章研究的难点。

本章对该问题的处理特点及途径是：根据许可应力场和变形区约束条件，将变形区形状函数的求解转化为确定待定参数，使问题得到简化，通过最小能量原理确定待定参数，使问题最终得到解决。

9.1　解析模型及假设条件

拉伸变形过程的解析模型，将参考系统取在移动的冷热源上，如图 9.1 所示。变形区长度和形状是将要确定的两个待定参数。

在图 9.1 中，v_1，v_2 为拉伸速度和冷热源移动速度；R_0，R_1 为拉伸前后工件外圆半径；R'_0，R'_1 为拉伸前后工件内圆半径；R 为变形区外圆半径；R'为变形区内圆半径；l 为变形区长度；P 为拉伸力；Z_0，Z_1 为变形区起、止位置。

解析的假设条件如下。

① 拉伸过程是稳定的轴对称变形过程，材料为各向同性，拉伸温度场已知；

② 忽略弹性变形，采用平断面假设，即材料轴向应力以及流动速度在径向上是相等的；

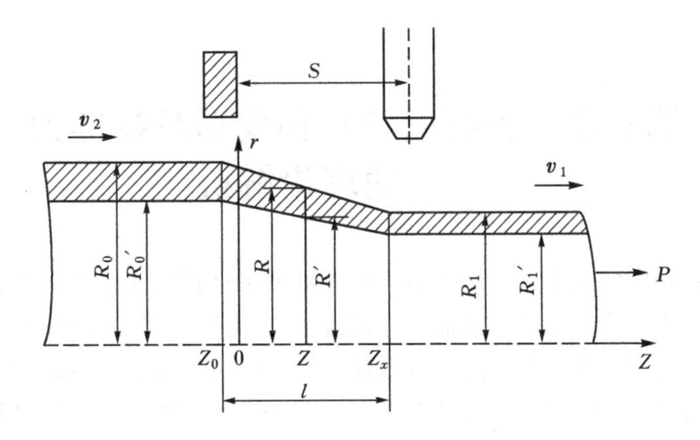

图 9.1 管材无模拉伸变形理论解析模型

③ 由于金属变形区中材料变形受刚性外区约束，以及轴向各断面变形因温度不同而相互之间产生约束，剪应力 τ_{zr} 不再为零，设其与 r 成正比；

④ 变形区中各断面的内、外表面减径 R/R_0，R'/R'_0 和减壁 t/t_0 相等；

⑤ 材料变形抗力只与温度和应变速率有关，即

$$\sigma_s = f(T)\dot{\varepsilon}^m \tag{9-1}$$

式中：$S\sigma_s$——变形抗力；

$f(T)$——温度对变形抗力的影响函数；

$\dot{\varepsilon}$——应变速率；

m——应变速率敏感指数。

9.2 拉伸速度场的解析

根据体积不变条件和平断面假设，可得轴向流动速度

$$\nu_z = \nu_2 \frac{R_0^2 - R_0'^2}{R^2 - R'^2} = \nu_2 \frac{R_0^{*2}}{R^{*2}} \tag{9-2}$$

这里，认为 R^* 为变形区中的等效半径，即

$$R^* = \sqrt{R^2 - R'^2} \tag{9-3}$$

故

$$\dot{\varepsilon}_z = \frac{\partial \nu_z}{\partial z} = -\frac{2\nu_2 R_0^{*2}}{R^{*3}} \cdot \frac{dR^*}{dz} \tag{9-4}$$

$$\dot{\varepsilon}_r = \frac{\partial \nu_r}{\partial r} \tag{9-5}$$

$$\dot{\varepsilon}_\theta = \frac{\nu_r}{r} \tag{9-6}$$

式中：$\dot{\varepsilon}_z$，$\dot{\varepsilon}_r$，$\dot{\varepsilon}_\theta$——轴向、径向和环向应变速率。

将式(9-4)至式(9-6)代入体积不变条件

$$\dot{\varepsilon}_z + \dot{\varepsilon}_r + \dot{\varepsilon}_\theta = 0 \tag{9-7}$$

即得到关于 ν_r 的一阶偏微分方程

$$\frac{\partial \nu_r}{\partial r} + \frac{\nu_r}{r} - \frac{2\nu_2 R_0^{*2}}{R^{*3}} \cdot \frac{dR^*}{dz} = 0 \tag{9-8}$$

解该方程，得

$$\nu_r = \frac{\nu_2 R_0^{*2}}{R^{*3}} \cdot \frac{dR^*}{dz} r + \frac{C(z)}{r} \tag{9-9}$$

式中：$C(z)$——待定参数。

带入假设条件④求出待定函数，最后得到

$$\nu_r = \frac{\nu_2 R_0^{*2}}{R^{*3}} \cdot \frac{dR^*}{dz} r \tag{9-10}$$

由式(9-2)和式(9-10)可求出各应变速率分量 $\dot{\varepsilon}_z$，$\dot{\varepsilon}_r$，$\dot{\varepsilon}_\theta$，$\dot{\gamma}_{zr}$和平均应变速率 $\dot{\bar{\varepsilon}}$ 如下

$$
\left.\begin{aligned}
\dot{\varepsilon}_{z} &= -\frac{2\nu_2 R_0^{*2}}{R^{*3}} \cdot \frac{\mathrm{d}R^*}{\mathrm{d}z} \\
\dot{\varepsilon}_{r} = \dot{\varepsilon}_{\theta} &= \frac{\nu_2 R_0^{*2}}{R^{*3}} \cdot \frac{\mathrm{d}R^*}{\mathrm{d}z} \\
\dot{\gamma}_{zr} = \dot{\gamma}_{rz} &= \frac{\nu_2 R_0^{*2} r}{2R^{*4}}\left[-3\left(\frac{\mathrm{d}R^*}{\mathrm{d}z}\right)^2 + R^* \frac{\mathrm{d}^2 R^*}{\mathrm{d}z^2}\right]
\end{aligned}\right\} \tag{9-11}
$$

$$
\dot{\bar{\varepsilon}} = \left(\frac{2}{3}\right)^{1/2} \frac{\nu_2 R_0^{*2}}{R^{*3}} \cdot \left\{6\left(\frac{\mathrm{d}R^*}{\mathrm{d}z}\right) + \frac{1}{2}\left(\frac{r}{R^*}\right)^2\left[-3\left(\frac{\mathrm{d}R^*}{\mathrm{d}z}\right)^2 + R^*\left(\frac{\mathrm{d}^2R^*}{\mathrm{d}z^2}\right)\right]^2\right\}^{1/2} \tag{9-12}
$$

9.3 应力场的分析

根据假设条件③，有

$$
\tau_{zr} = \xi(z) r \tag{9-13}
$$

式中：$\xi(z)$——待定参数。

将式(9-13)代入轴向应力平衡方程式

$$
\frac{\partial \sigma_z}{\partial z} + \frac{\partial \tau_{zr}}{\partial r} + \frac{\tau_{zr}}{r} = 0 \tag{9-14}
$$

得

$$
\sigma_z = -2\int \xi(z)\,\mathrm{d}z + \eta(r) \tag{9-15}
$$

式中：$\xi(z)$，$\eta(r)$——待定参数。

轴向各断面的拉伸力为

$$
P = 2\pi \int_{R'}^{R} \sigma_z r \mathrm{d}r \tag{9-16a}
$$

$$
= 2\pi\left[-R^{*2}\int \xi(z)\,\mathrm{d}z + \int_{R'}^{R} r\eta(r)\,\mathrm{d}r\right] \tag{9-16b}
$$

在稳定的拉伸变形过程中，各断面的拉伸力是不变的，故

$$\frac{\mathrm{d}P}{\mathrm{d}z}=0 \tag{9-17}$$

将式(9-16b)代入式(9-17),参照假设条件②进行整理，可得

$$\tau_{zr}=\frac{r}{R^*}\cdot\frac{\mathrm{d}R^*}{\mathrm{d}z}\sigma_z \tag{9-18}$$

将式(9-18)代入圣维南－米赛斯塑性流动理论

$$\frac{\dot{\varepsilon}_r}{\sigma_r}=\frac{\dot{\varepsilon}_\theta}{\sigma_\theta}=\frac{\dot{\varepsilon}_z}{\varepsilon_z}=\frac{\dot{\gamma}_{zr}}{\tau_{zr}} \tag{9-19}$$

并采用近似屈服条件

$$\sigma_z-\sigma_r=\sigma_s \tag{9-20}$$

经整理，最后得到

$$\left.\begin{aligned}
&\frac{\sigma_z}{\sigma_s}=\frac{3}{2}-\frac{R^*}{2}\cdot\frac{\dfrac{\mathrm{d}^2R^*}{\mathrm{d}z^2}}{\left(\dfrac{\mathrm{d}R^*}{\mathrm{d}z}\right)^2}\\
&\frac{\sigma_r}{\sigma_s}=\frac{\sigma_\theta}{\sigma_s}=\frac{3}{2}-\frac{R^*}{2}\cdot\frac{\dfrac{\mathrm{d}^2R^*}{\mathrm{d}z^2}}{\left(\dfrac{\mathrm{d}R^*}{\mathrm{d}z}\right)^2}\\
&\frac{\tau_{zr}}{\sigma_s}=-\frac{1}{2}\cdot\frac{r}{R^*}\cdot\frac{\mathrm{d}R^*}{\mathrm{d}z}\left[-3+R^*\frac{\dfrac{\mathrm{d}^2R^*}{\mathrm{d}z^2}}{\left(\dfrac{\mathrm{d}R^*}{\mathrm{d}z}\right)^2}\right]
\end{aligned}\right\} \tag{9-21}$$

在以上的变形速度和应力的表达式中，需要确定变形区的外形：$R=R(z)$。

9.4　变形区外形的确定

将式(9-1)代入式(9-21)，再代入式(9-16a)，最后代入式(9-17),考虑到拉伸变形区的外形沿轴向的变化接近直线，在简化处

理时认为

$$\frac{\mathrm{d}^3R^*}{\mathrm{d}z^3}\approx 0,\quad \left(\frac{\mathrm{d}^2R^*}{\mathrm{d}z^2}\right)^2\approx 0$$

最后得到

$$\left[3(1+2m)f(T)\frac{\mathrm{d}R^*}{\mathrm{d}z}-R^*\frac{\mathrm{d}f(T)}{\mathrm{d}z}\right]\frac{\mathrm{d}^2R^*}{\mathrm{d}z^2}+3\frac{\mathrm{d}f(T)}{\mathrm{d}z}\left(\frac{\mathrm{d}R^*}{\mathrm{d}z}\right)^3$$

$$+3(1-2m)f(T)\frac{1}{R^*}\left(\frac{\mathrm{d}R^*}{\mathrm{d}z}\right)^3=0 \tag{9-22}$$

解方程式(9-22)得

$$R^*=C_2\exp\left[\int\frac{z}{Z_0a+C_1f(T)^b}\mathrm{d}z\right] \tag{9-23}$$

其中，$a=\dfrac{3-m}{l+2m}$；$b=\dfrac{5+3m}{3(l+2m)^2}$；$C_1$，$C_2$ 为待定参数；$f(T)$ 为温度对变形抗力的影响函数，T 为温度；m 为应变速率敏感指数。

解式(9-23)微分方程，并代入边界条件：当 $z=Z_0$ 时，$R^*=R_0^*$；当 $z=Z_1$ 时，$R^*=R_1^*$，经简化处理后求出 C_1，C_2，再代回式(9-23)，最后得

$$\frac{R^*}{R_0^*}=\frac{R}{R_0}=\exp\left[\frac{z-Z_0}{2l}\ln(1-R_s)\right] \tag{9-24}$$

在式(9-24)中，变形区的起始点 Z_0 和变形区长度 l 是两个待定参数。

9.5 待定参数的确定及拉伸力的计算

稳定拉伸过程中的材料变形功率为

$$W=\int_{z_0}^{z_1}\int_{R}^{R'}2\pi r\bar{\sigma}\dot{\bar{\varepsilon}}\mathrm{d}r\mathrm{d}z=\int_{z_0}^{z_1}\int_{R}^{R'}2\pi f(T)\,\dot{\bar{\varepsilon}}^{m+1}r\mathrm{d}r\mathrm{d}z \tag{9-25}$$

将等效应变速率代入式(9-25)，经整理后得

$$W=\pi R_0^{*2}[-\nu_2\ln(l-R_s)]^{m+1}H \tag{9-26}$$

其中

$$H = \frac{1}{l^{m+1}} \int_{z_0}^{z_0+l} f(T) \exp\left(2m \frac{z-z_0}{l} \ln \frac{R_0}{R_1}\right) \mathrm{d}z \tag{9-27}$$

按照形变理论中的最小能量原理，平衡形式特点就是总能量达到最小。因此使式(9-26)达到极小值的 Z_0 和 l 即本问题的真实解。

由内外功率相等的原理还可以求出拉伸力

$$P = \frac{W_{\min}}{V_1} \tag{9-28}$$

9.6　理论计算结果及实验验证

实验所用材料为低碳钢无缝钢管，其条件如表 9.1 所列。

表 9.1　　试验用材料

规格	成分(质量分数)/%				
$D\times t$/mm	C	Si	Mn	P	S
14×3	0.214	0.240	0.800	0.020	0.0063
14×2	0.147	0.260	0.670	0.024	0.008

理论计算所用管材轴向温度分布为管材拉伸温度场的计算结果。

由于无模拉伸温度范围一般为 600～900℃，在此温度区间内，材料变形抗力与温度的关系可近似看成直线关系，采用志田茂的计算公式进行回归，得到

$$\sigma = 7.352\times10^{-2}\left[1.3\left(\frac{\varepsilon}{0.2}\right)^{0.395} - 0.3\left(\frac{\varepsilon}{0.2}\right)\right]\times(1.087\times10^{3} - T)\dot{\varepsilon}^{m} \tag{9-29}$$

式中，应变速率敏感指数 $m=0.13$。

变形程度 ε 采用均值处理，即按 $\varepsilon = \dfrac{1+R_s-\sqrt{1-R_s}}{3}$ 确定。

图 9.2 所示为理论计算的拉伸件外形与实测的外形的比较，理论计算结果与实际结果符合较好。

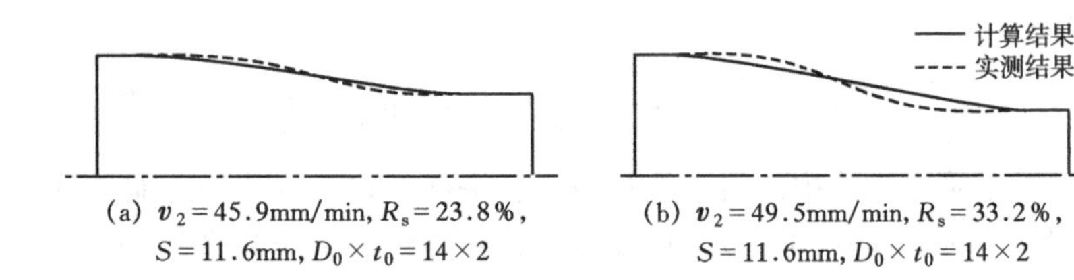

(a) $v_2=45.9\text{mm/min}, R_s=23.8\%$, $S=11.6\text{mm}, D_0\times t_0=14\times 2$

(b) $v_2=49.5\text{mm/min}, R_s=33.2\%$, $S=11.6\text{mm}, D_0\times t_0=14\times 2$

图 9.2 管材变形区形状

如图 9.3～图 9.5 所示，计算结果表明：变形程度和冷热源移动速度增大以及感应线圈与冷却喷嘴间距的减小均使拉伸力增大；变形区长度随冷热源移动速度增大而增大；变形程度对变形区长度影响不大；当感应线圈与冷却喷嘴间距为 10mm 左右时，变形区长度达到最小。

通过对无模拉伸变形过程的分析可知，稳定拉伸过程就是变形总能量最小的状态。在冷热源移动速度以及变形程度一定的条件下，对变形总能量有影响的是两个因素，即加工温度和平均变形速率。从加工温度的角度看，由于无模拉伸轴向温度分布呈山峰形，变形区应该处于峰值点附近，变形区越短，变形区平均温度越高，变形抗力也就越低；但是从变形区平均变形速率方面来看，变形区越短，变形区平均变形速率越高，变形抗力也就越大。作为温度因素和变形速率因素两者的平衡产物，变形区既不会太长，也不会太短，而一定存在一个确定的值，使变形总能量最小。

从以上分析还可以看出，变形区形状取决于轴向温度分布。当轴向温度梯度较大时，变形区的增大对平均变形温度影响大，此时变形区长度较短；相反，当轴向温度梯度较小时，变形区长度的增大对平均变形温度影响小，此时变形区长度较长。

对于实际拉伸过程来说，变形区在拉伸变形时会受到许多因素的干扰和影响，如喷气气流不均、材质不均、加热时电压波动等。当变形区较短时，变形区受到的干扰相对会少些和小些，成形过程相对地容易进行，此时极限断面减缩率较高。因此，在实际拉伸过

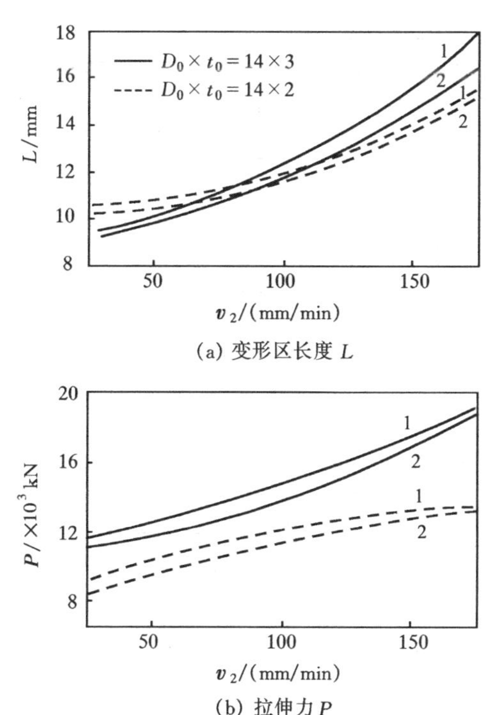

(a) 变形区长度 L

(b) 拉伸力 P

图 9.3　变形区长度 L 和拉伸力 P 与冷热源移动速度 v_2 的关系

1—$S = 8.5$mm，$R_s = 30\%$；2—$S = 10$mm，$R_s = 30\%$

程中快速加热和快速冷却使轴向温度梯度越大，则拉伸过程的稳定性也就越好。

在分析和计算拉伸变形的过程中，没有考虑变形热影响，计算结果表明，随着变形程度的增大，拉伸力增大，这与实际情况有些出入。但由于拉伸力增大幅度小，可近似认为拉伸力与变形程度变化无关，因此变形热影响所造成的误差并不大。图 9.6 为计算的拉伸力与实测结果比较，两者误差一般小于 ±20%。

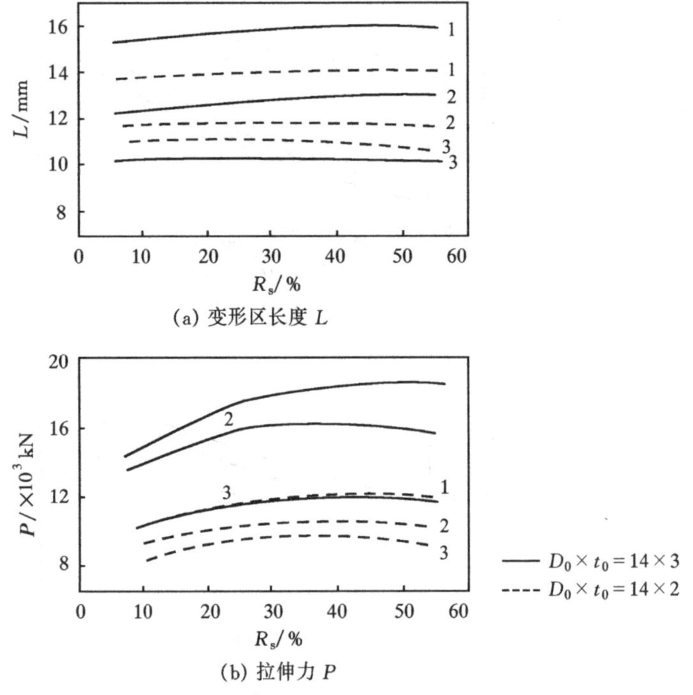

(a) 变形区长度 L

(b) 拉伸力 P

图9.4 变形区长度 L 和拉伸力 P 与断面减缩率 R_s 的关系

1—v_2 =150mm/min，S =8.5mm；2—v_2 =100mm/min，S =8.5mm；3—v_2 =50mm/min，S =8.5mm

9.7 无模拉伸力能参数实验方法

9.7.1 测试仪器

力能参数测试系统由拉压力传感器、电阻应变仪和光线示波器组成，由拉压力传感器输出信号，经电阻应变仪滤波放大，进入光线示波器进行记录，电阻应变仪采用 Y6D-3A 电子管电阻应变仪，

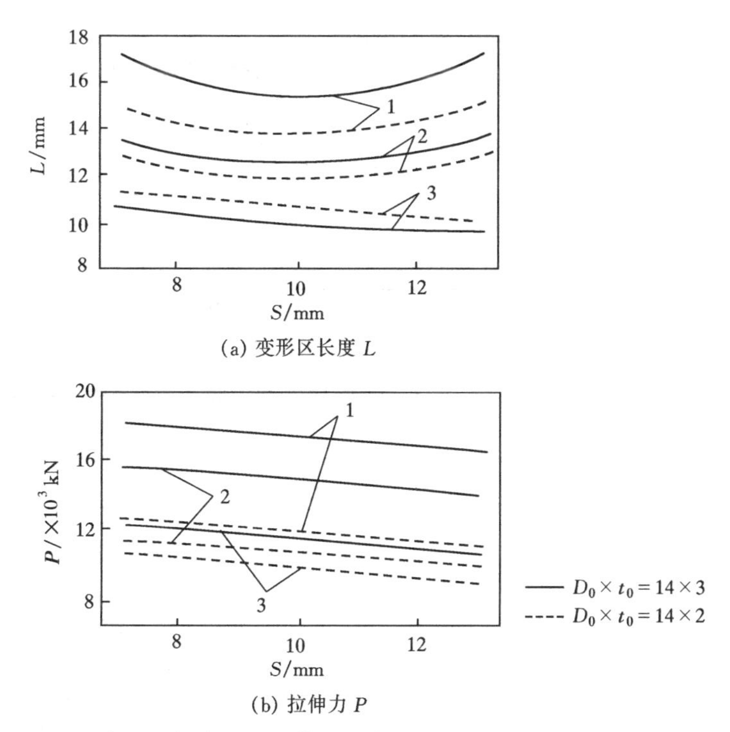

(a) 变形区长度 L

(b) 拉伸力 P

图9.5　变形区长度 L 和拉伸力 P 与感应线圈和冷却喷嘴间距 S 的关系

1—v_2 =150mm/min，R_s =30%；2—v_2 =100 mm/min，R_s =30%；3—v_2 =50mm/min，R_s =30%

光线示波器采用紫外线直接记录的SC16型光线示波器。

9.7.2　标定曲线

标定曲线见图9.7和图9.8，拉压力传感器的标定是在无模拉伸设备上进行现场标定，外载荷每增加1000N记录一次。

9.7.3　计算机采集数据的原理及处理

计算机测试系统由拉压力传感器、电阻应变仪、接口板和计算

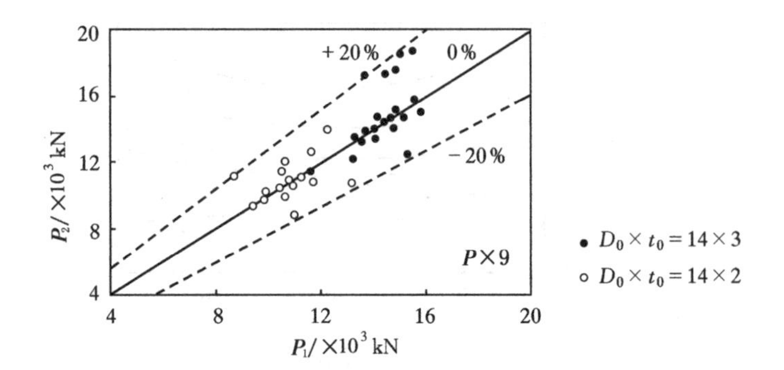

图 9.6 拉伸力的计算值 P_2 与拉伸力实测值 P_1 的比较

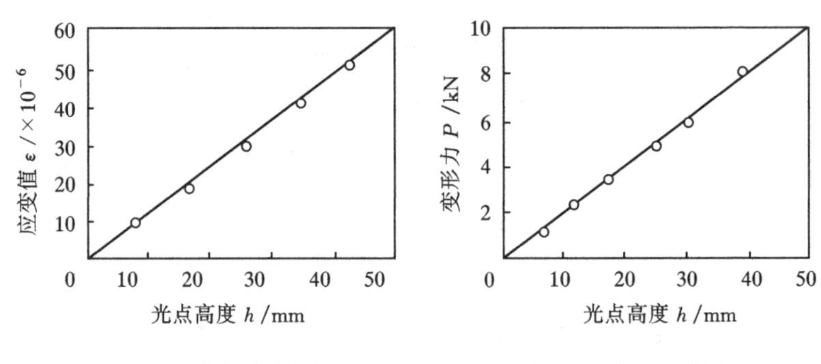

图 9.7 内标定曲线　　　　图 9.8 外标定曲线

机组成，该测试系统组成如图 9.9 所示。

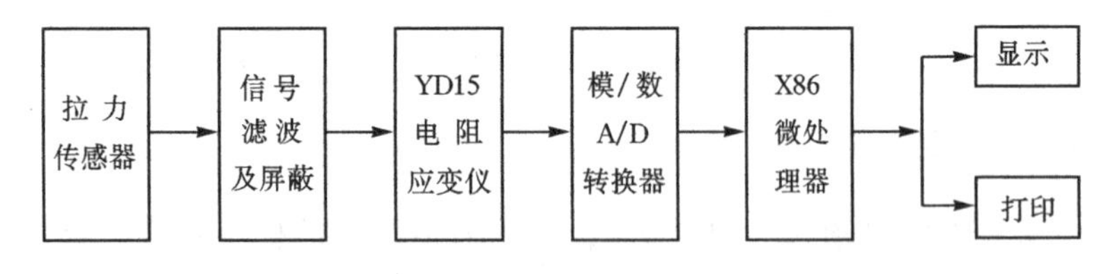

图 9.9 计算机测试系统组成

本实验测试系统的拉力传感器采用金属栅应变片，采用单臂半桥测量电路。

采用上述方法测量力能参数时，由于光线示波器本身会产生较大的误差，如振子误差、时标误差、调整误差和判读示波器曲线时的读数误差等，影响了测量的精度。采用计算机测试系消除了由光线示波器造成的误差，而且能及时地对信号进行处理，直接显示结果并打印。通过动态应变仪将拉力传感器的微应变信号放大并转换成电压信号，经滤波与屏蔽板使信号稳定，然后通过模数 A/D 转换器由模拟量转化为数字量，把这些数字量经计算机处理在屏幕上显示或由打印机输出测量结果。

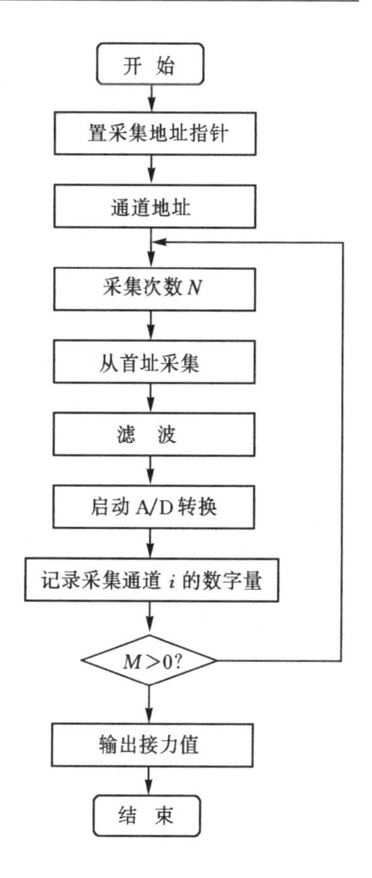

图 9.10　数据采集程序框图

数据采集程序框图见图 9.10。拉力传感器的标定是在 200kN 的材力实验机上进行的，数据采集采用 A/D 模数转换器与计算机编程处理。拉力传感器在标定时，首先传感器在零载荷和满载荷之间反复加载三次，以清除传感器各部件之间的间隙和滞后，改善其线性，然后再作正式标定。正式标定时每隔 10kN 采集一次应变值，共取 10 个数据点。卸载时按加载时的规则，再记录一次，标定值取加载和卸载时的平均值。

本章参考文献

[1] Zhang Weigang, Luan Guifu, Seiguchi. Study on wire temperature field and structure properties in dieless drawing[C]. Advanced Technology of Plasticity 1990. Proceedings of The 3rd International Conference on Technology of Plasticity (ICTP), Japan,1990, 557.

[2] Z T Wang, G F Luan, G R Bai. The study on drawing force and deformation during tube dieless drawing[C]. Advanced Technology of Plasticity-Proc 5th International Conference on Technology of Plasticity (ICTP),1996.

[3] Wengenroth W, Pawelski O, Kasp W. Theoretical and experimental investigation into dieless drawing [J]. Steel Research, 2001,72(10):402 - 405.

[4] Wang Z T, Luan G F, Bai G R. Study of the deformation velocity field and drawing force during dieless drawing of tube [J]. Journal of Materials Processing Technology, 1999(94):73 - 77.

[5] 陈昌平. 材料成形原理[M]. 北京:机械工业出版社,2006.

[6] 赵志业,王国栋. 现代塑性加工力学[M]. 沈阳:东北工学院出版社,1986.

[7] 王忠堂,栾瑰馥,白光润,等. 管件无模拉伸速度场及壁厚变化规律研究[J]. 塑性工程学报,1995(2):1 - 5.

[8] Wang Z T, Zhang S H, Xu Y Luan, et al. Experimental study on the variation of wall thickness during dieless drawing of stainless steel tube[J]. Journal of Materials Processing Technology, 2002(120):90 - 93.

第 10 章　棒材无模拉伸温度场

有限元法对于完成复杂结构以及多自由度系统的分析是一种十分有效的方法。这个方法首次应用于工程问题是在 20 世纪 50 年代中期。至今，这一方法解决问题的能力和适用范围都有了极大的发展。除了在结构力学领域中充分显示出它的实用性外，该方法业已广泛应用于连续介质力学领域。在金属压力加工问题中，采用有限元法分析温度场不但可以很好地处理各种复杂边界条件，而且对于分析的不同重点，可通过单元划分减少计算量，提高计算精度并节省大量机时。

非连续式无模拉伸温度场和变形区是随时间变化的，虽然通过选取不同的参考系统可将这种复杂的非稳定问题转化成简单稳定问题，但是转化后的温度场属于无限长物体上的热传导问题。如何通过边界条件的处理使该问题在有限长范围内得到较合理解决，是无模拉伸温度场分析的一个难点。

目前，有关研究中对于这一问题的处理或是避而不谈，或是在计算时仅仅对冷却区域的边界简单地近似取一定输出热流量，并且该量的选取毫无实验和理论依据，计算条件不同，也需要选用不同的值，没有一定标准。此外，对高频感应加热问题的处理，以往采用恒定热流的输入边界条件，它只能反映出高频感应开始加热或加热设备能力较小时的状态，与有深透加热存在时的情况相差较远。

本章分析了与热流输出相关的物理量，采用选取修正系数法对热流输出边界条件进行了统一。此外，根据高频感应加热原理将深透式感应加热处理成材料内部环状内热源。

10.1 解析模型及假设条件

10.1.1 影响温度场的因素

无模拉伸过程不存在模具的限制，其影响因素较多，因此理论解析时必须对这些因素进行分析，找出其中的主要因素，既使理论解析问题简化，又能建立起合理解析模型，较好地反映拉伸温度场。

(1)加热的影响。加热的影响是从热源上体现出来的，热源的形式和强度不同，加热能力和加速度就不同，它可从单位时间内所给予拉伸件热量的多少反映出来。

(2)冷却的影响。冷却的影响与加热的影响相反，即从单位时间内拉伸件所能散失热量反映出来。加热和冷却过程的不同配合形成不同温度场。其他因素的影响主要是通过对加热和冷却过程的影响而使温度场产生变化。

(3)冷热源移动速度的影响。冷热源移动速度主要是对拉伸件各截面的加热和冷却时间产生影响。当冷热源移动速度较大时，拉伸件各处的加热和冷却时间减少，因此相应的加热和冷却过程受到影响，从而影响拉伸温度场。

(4)感应线圈与冷却喷嘴间距的影响。由实验结果可知，拉伸件表面各处换热系数主要与距冷却喷嘴间距的大小有关，感应线圈与冷却喷嘴间距反映了加热区受喷气冷却的影响程度。

(5)材料的影响。材料对温度场的影响是通过其本身热物理性不同而体现的，材料不同，其磁导率、热导率(导热系数)、比热容和密度等也都不同。因此，除了高频感应加热速度不同外，对拉伸件内部传热等过程也有影响。

10.1.2 解析模型及假设条件

在稳定的无模拉伸过程中，拉伸变形总是从最高温度点附近开始，并在冷却喷嘴之前停止。虽然温度场和变形区在拉伸时是随时间变化的，但是温度场和变形区范围相对于较长拉伸件来说是一个很小范围的局部问题，并且它的变化相对于热冷源位置是固定不变的。因此，如果取冷热源为参考系统，同时认为拉伸件近似为无限长物体，则可将随时间变化的无模拉伸温度场简化成一个准稳态问题。

图10.1为无模拉伸温度场的解析模型。在该解析模型中，拉伸件各部分的轴向速度分别为

$$
\begin{aligned}
v_0 &= v_0\text{（在未变形区）} \\
v_2 &= v_0 \frac{R_0^2}{R^2}\text{（在变形区中）} \\
v_1 &= v_0 + v_1\text{（在已变形区）}
\end{aligned}
\tag{10-1}
$$

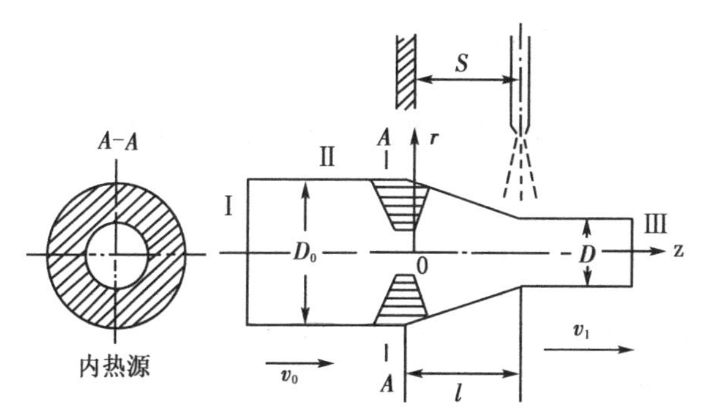

图10.1　无模拉伸温度场理论解析模型

S—感应加热线圈与冷喷嘴间距；v_0—冷热源移动速度；v_1—拉伸速度；l—变形区长度

这一解析模型主要由以下几部分组成。

(1)常温边界。在远离加热区一定的距离上，可认为拉伸件温度尚未变化，该处温度与室温相同。

(2)冷却表面。由于拉伸件表面距冷却喷嘴的轴向距离不同而与环境产生不同程度的热交换。

(3)热流输出表面。在拉伸件变形结束后一定距离中的断面上，

材料内部温度仍较高，这将要继续通过该断面以外的表面与环境发生热交换，最后达到室温。因此，这一部分对模型来说存在热流输出。

(4)内热源区。解析中将高频感应加热看成拉伸件内部环状内热源，整个温度场由该区的热量传导而形成。

(5)其他。其余的部分仅为热传导介质。

为简化解析过程，还进行了如下假设：

(1)材料加热、冷却和变形是轴对称过程；

(2)材料为各向同性，其热物性参数(如热导率、比热容和密度等)与温度无关；

(3)变形产生的热量与加热吸收的热量相比很小，可以忽略；

(4)径向变形速度对温度无影响；

(5)变形区为圆台形，其长度可调。

10.2 温度场热传导微分方程及边界条件

10.2.1 热传导微分方程式

如图 10.2 所示，在圆柱坐标系中考虑一微元体，其尺寸为 dz，dr，$rd\theta$。由于是轴对称问题，因此在 θ 方向无传热过程，只有 z 和 r 方向存在传热。

在固体的传热问题中，根据傅里叶基本定律，热流密度与温度梯度是成正比的，即

$$q = -\lambda \frac{\partial T}{\partial S} \tag{10-2}$$

式中：λ ——热导率(导热系数)；

T ——热力学温度；

S ——传热方向；

q ——S 方向热流密度，即单位时间内流过单位面积的热量。

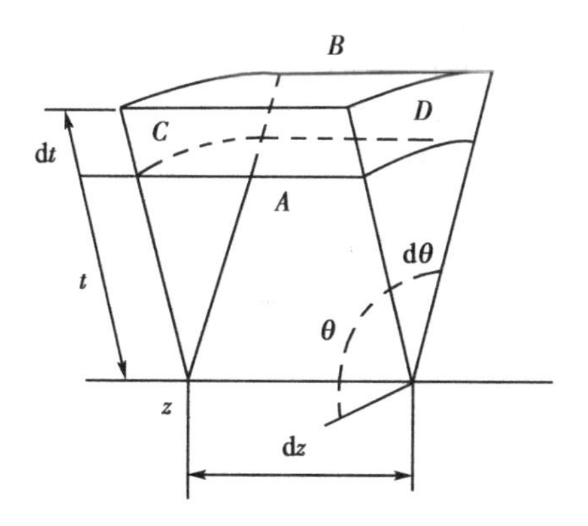

图10.2　微元体

在 dt 时间内，微元体由径向从 A 面流入的热量为

$$(Q_r)_A = -\lambda \frac{\partial T}{\partial r} r\mathrm{d}r\mathrm{d}\theta\mathrm{d}z\mathrm{d}t \tag{10-3}$$

由径向从 B 面流出的热量为

$$(Q_r)_B = -\lambda \frac{\partial T}{\partial r} r\mathrm{d}r\mathrm{d}\theta\mathrm{d}z\mathrm{d}t + \frac{\partial}{\partial r}\left(-\lambda \frac{\partial T}{\partial r} r\right)\mathrm{d}r\mathrm{d}\theta\mathrm{d}z\mathrm{d}t \tag{10-4}$$

因此，在 dt 时间内微元体由径向热传导传递的净热量为

$$\begin{aligned}\delta Q_r &= (Q_r)_A - (Q_r)_B \\ &= \frac{\partial}{\partial r}\left(\lambda \frac{\partial T}{\partial r} r\right)\mathrm{d}r\mathrm{d}\theta\mathrm{d}z\mathrm{d}t\end{aligned} \tag{10-5}$$

同理，可得在 dt 时间内微元体由轴向热传导传递的净热量为

$$\delta Q_z = \frac{\partial}{\partial z}\left(\lambda \frac{\partial T}{\partial z} r\right)\mathrm{d}r\mathrm{d}\theta\mathrm{d}z\mathrm{d}t \tag{10-6}$$

因为微元体在参考系中是运动的，所以在 dt 时间内，A 面以 v_r 速度运动而流入微元体的热量为

$$(Q_r)_A^* = c\rho T v_r r\mathrm{d}r\mathrm{d}\theta\mathrm{d}z\mathrm{d}t \tag{10-7}$$

由 B 面运动而流出微元体的热量为

$$(Q_r)_B^* = c\rho T v_r r\mathrm{d}r\mathrm{d}\theta\mathrm{d}z\mathrm{d}t + \frac{\partial}{\partial r}(c\rho T v_r) r\mathrm{d}r\mathrm{d}\theta\mathrm{d}z\mathrm{d}t \tag{10-8}$$

因此微元体由径向运动效应而传递的净能量为

$$\delta Q_{vr} = (Q_r)_A^* - (Q_r)_B^* = -\frac{\partial}{\partial r}(c\rho T v_r) r\mathrm{d}r\mathrm{d}\theta\mathrm{d}z\mathrm{d}t \tag{10-9}$$

同理，在 dt 时间内，微元体由轴向运动效应传递的净能量为

$$\delta Q_{v_z} = -\frac{\partial}{\partial z}(c\rho T v_z) r\mathrm{d}r\mathrm{d}\theta\mathrm{d}z\mathrm{d}t \tag{10-10}$$

式中：c ——材料比热容；

ρ ——材料密度；

λ ——热导率(导热系数)；

v_z，v_r ——材料轴向和径向运动速度。

此外，由于内热源存在，微元体本身在时间 dt 内产生的热量为

$$\delta Q_V = q_v r\mathrm{d}r\mathrm{d}\theta\mathrm{d}z\mathrm{d}t \tag{10-11}$$

式中：q_v ——内热源强度。

由于无模拉伸温度场是稳态问题，因此微元体中总热量不随时间变化，恒为零，即

$$\delta Q_r + \delta Q_z + \delta Q_{vr} + \delta Q_{vz} + \delta Q_v = 0 \tag{10-12}$$

将式(10-5)、式(10-6)、式(10-9)~式(10-11)代入式(10-12)中，并考虑到假设条件(4)，经整理可得无模拉伸温度场热传导微分方程式

$$\lambda \frac{\partial}{\partial_r}\left(r\frac{\partial T}{\partial r}\right) + \lambda r\frac{\partial^2 T}{\partial z^2} + q_v r - r\frac{\partial}{\partial z}(c\rho T v_z) = 0 \tag{10-13}$$

10.2.2 边界条件

参见图 10.1 所示的解析模型。

(1)左端边界 I 为恒温边界，即

$$T|_{B1} = T_F \tag{10-14}$$

式中：T_F ——环境温度。

在传热学中，这类边界条件被称为第一类边界条件。在计算过

程中，为了减少边界条件的类型，简化计算程序，也可将这类边界条件化为第三类边界条件，即

$$-\lambda \frac{\partial T}{\partial n}\bigg|_{B1} = \alpha(T - T_F) \tag{10-15}$$

此时，当 $\alpha \to \infty$时，式(10-15)就等效于式(10-14)。

(2)外表面边界Ⅱ为对流换热边界，且各点对流换热系数与距冷却喷嘴轴向距离有关，即

$$-\lambda \frac{\partial T}{\partial n}\bigg|_{B2} = \alpha(z,S)(T - T_F) \tag{10-16}$$

式中：T_F ——环境温度，这里认为冷却介质温度与环境温度相同；

$\alpha(z,S)$ ——对流换热系数，可按式(10-16)进行计算。

(3)右端边界Ⅲ为由运动效应产生的热交换面。在有限长度上的解析模型中考虑这一无限长度上的热交换问题时，将断面Ⅲ以后的拉伸件表面与环境热量交换近似处理成仅在边界Ⅲ上产生。

在边界Ⅲ上考虑一微元面积 $\mathrm{d}S$，$\mathrm{d}t$ 时间内通过 $\mathrm{d}S$ 面积流出的热量为

$$-\lambda\left(\frac{\partial T}{\partial n}\right)\mathrm{d}S\mathrm{d}t \tag{10-17a}$$

式中：n——边界法线。

当 $\mathrm{d}S$ 以 v_1 的速度相对于边界Ⅲ运动，在 $\mathrm{d}t$ 时间内通过 $\mathrm{d}S$ 面积增加的热量为

$$c\rho v_1(T - T_F)\mathrm{d}S\mathrm{d}t \tag{10-17b}$$

式(10-17a)反映的是温度连续变化状态，而式(10-17b)反映的是温度具有突变时的现象，两边并不完全一致，必须予以修正，即

$$-\lambda \frac{\partial T}{\partial n}\bigg|_{B} = \xi c\rho v_1(T - T_F) \tag{10-18}$$

式中：ξ ——修正系数。

上述边界条件均可看成第三类边界条件，故得到以下边界条件统一形式

$$-\lambda \frac{\partial T}{\partial n}\bigg|_B = \alpha(T - T_F) \tag{10-19}$$

其中，在边界Ⅰ上，$\alpha \to \infty$；在边界Ⅱ上，$\alpha = \alpha(z,S)$；在边界Ⅲ上，$\alpha = \xi c\rho v_1(T - T_F)$。

10.3 有限元计算的基本方程

10.3.1 单元划分和分析

将如图10.1所示解析模型的一半离散成180个节点和280个三角形单元，如图10.3所示。由于考虑到变形区及其附近的温度变化较大，而且计算要求精度高，因此这一区域中的单元划分较细。

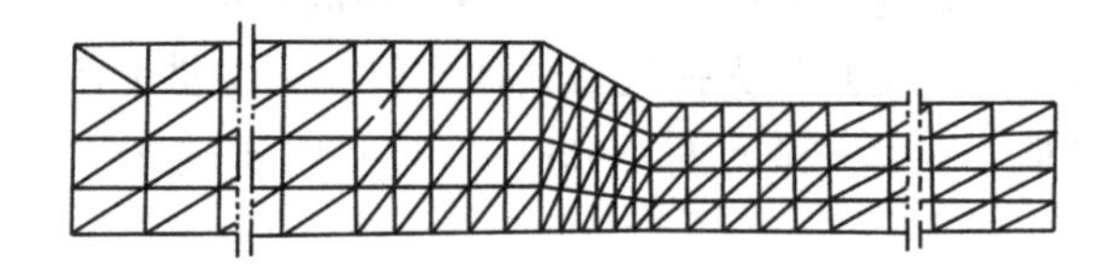

图10.3 单元划分示意图

对于图10.4所示三角形单元，内部温度线性插值函数为

$$T = N_1 T_1 + N_J T_J + N_m T_m \tag{10-20}$$

式中：N_1，N_J，N_m——形函数；

T_1，T_J，T_m——节点温度。

三角形单元的形函数为

$$N_1 = \frac{1}{2\Delta}(a_1 + b_1 z + c_1 r) \quad (1 = i, j, m) \tag{10-21}$$

式中：Δ——三角形单元面积：

$$\Delta = \frac{1}{2}(b_i c_j - b_j c_i) \tag{10-22}$$

形函数中的系数a_1，b_1，c_1与节点i，j，m的坐标值有关，即

$$a_i = z_j r_m - z_m r_j\ ;\ b_i = r_j - r_m\ ;\ c_i = z_m - z_j$$

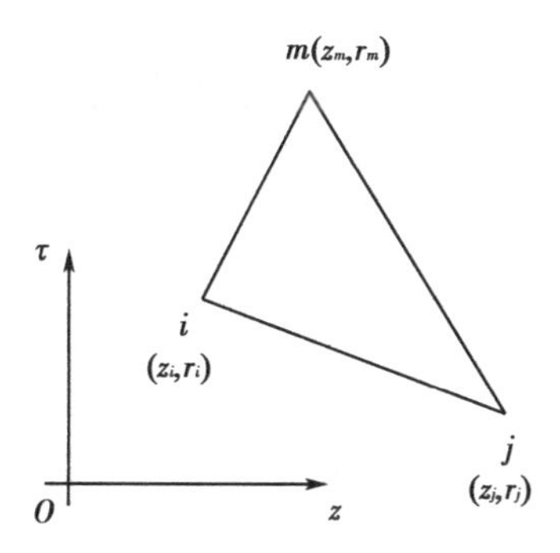

图 10.4　三角形单元

$$
\begin{aligned}
a_j &= z_m r_i - z_i r_m\ ;\ b_j = r_m - r_i\ ;\ c_j = z_i - z_m \\
a_m &= z_i r_j - z_j r_i\ ;\ b_m = r_i - r_j\ ;\ c_m = z_j - z_i
\end{aligned}
\tag{10-23}
$$

10.3.2　变分方程式

温度场有限元法计算的基本方程可以从泛函变分求得，也可以直接从热传导微分方程式出发用加权余量法求得。其中，较常用的是伽辽金法。若温度泛函存在，用伽辽金法求得的结果与用泛函求极值方法所得到的结果是一致的。

按照伽辽金法取形函数作为权函数，得

$$
W_l = \frac{\partial T}{\partial \{T\}_l} = N_l \tag{10-24}
$$

在求解区域 D 上，应用伽辽金原理得

$$
\iint_D W_l\left[\frac{\partial}{\partial_r}\left(\lambda \frac{\partial T}{\partial r} r\right) + \frac{\partial}{\partial z}\left(\lambda \frac{\partial T}{\partial z} r\right) + q_v r - c\rho v_z \frac{\partial T}{\partial z}\right] \mathrm{d}r\mathrm{d}z = 0 \tag{10-25}
$$

式(10-25)经过分部积分后代入格林公式进行处理，并考虑边界上的方向余弦关系将式(10-22)代入，最后得到

$$\frac{\partial J}{\partial T_l} = \iint_D \lambda\left[\frac{\partial N_l}{\partial z}\cdot\frac{\partial T}{\partial z}+\frac{\partial N_l}{\partial r}\cdot\frac{\partial T}{\partial r}\right] r\mathrm{d}r\mathrm{d}z - \iint_D c\rho T v_z r\frac{\partial N_l}{\partial r}\mathrm{d}r\mathrm{d}z - \iint_D q_v N_l r\mathrm{d}r\mathrm{d}z - \oint_B \lambda N_l r\frac{\partial T}{\partial n}\mathrm{d}S = 0$$

$$(l = 1, 2, 3, \cdots, n) \tag{10-26}$$

式中，$\frac{\partial J}{\partial T_l}$ 只是采用了泛函变分表达式符号，便于理解。

在单元划分时，每个单元节点号为 i，j，m，如果节点 i 总是与边界边相对，即 jm 边始终处于边界单元的边界边上，则由式(10-26)还可以写出单元内部积分公式

$$\frac{\partial J^\theta}{\partial T_l} = \iint_\theta \lambda\left[\frac{\partial N_l}{\partial z}\cdot\frac{\partial T}{\partial z}+\frac{\partial N_l}{\partial r}\cdot\frac{\partial T}{\partial r}\right] r\mathrm{d}r\mathrm{d}z - \iint_\theta c\rho T v_z r\frac{\partial N_l}{\partial r}\mathrm{d}r\mathrm{d}z - \iint_\theta q_v N_l r\mathrm{d}r\mathrm{d}z - \int_{jm} \lambda N_l r\frac{\partial T}{\partial n}\mathrm{d}S = 0$$

$$(l = 1, 2, 3, \cdots, n) \tag{10-27}$$

10.3.3 单元刚度矩阵

(1)内部单元。

由于内部单元不受边界条件直接约束，线积分项可删去，因此式(10-27)可简化为

$$\frac{\partial J^\theta}{\partial T_l} = \iint_\theta \lambda\left[\frac{\partial N_l}{\partial z}\cdot\frac{\partial T}{\partial z}+\frac{\partial N_l}{\partial r}\cdot\frac{\partial T}{\partial r}\right] r\mathrm{d}r\mathrm{d}z - \iint_\theta c\rho T v_z r\frac{\partial N_l}{\partial r}\mathrm{d}r\mathrm{d}z - \iint_\theta q_v N_l r\mathrm{d}r\mathrm{d}z = 0$$

$$(l = 1, 2, 3, \cdots, n) \tag{10-28}$$

将式(10-21)代入式(10-28)，并考虑到

$$\iint_{\theta} r\mathrm{d}r\mathrm{d}z = \frac{\Delta}{3}(r_i + r_j + r_m) \tag{10-29}$$

经整理后，得

$$\frac{\partial J^{\theta}}{\partial T_l} = [\Phi(b_l b_i + c_l c_i) - \psi_l b_l]T_l + [\Phi(b_l b_j + c_l c_j) - \psi_j b_l]T_j +$$

$$[\Phi(b_l b_m + c_l c_m) - \psi_m b_l]T_m - \Phi_i q_v = 0 \tag{10-30}$$

式中

$$\Phi = \frac{\lambda}{12\Delta}(r_i + r_j + r_m) \tag{10-31}$$

$$\psi_l = \frac{c\rho v_z}{24}(r_i + r_j + r_m + r_l)\ (l = i,\ j,\ m) \tag{10-32}$$

$$\omega_l = \frac{\Delta}{12}(r_i + r_j + r_m + r_l)\ (l = i,\ j,\ m) \tag{10-33}$$

设矩阵 $[A]_{3\times 3}$ 和 $[V]_{3\times 3}$ 以及右端向量 $(Q)_{3\times 1}$，即

$$A_{kl} = \Phi(b_k b_l + c_k c_l) \tag{10-34}$$

$$V_{kl} = b_k \varphi_l \tag{10-35}$$

$$Q_k = q_v \omega_k \tag{10-36}$$

$$(k,\ l = i,\ j,\ m)$$

其中，当单元处在体积内热源区域中时，$q_v \neq 0$；否则 $q_v = 0$。

令

$$[K]_{3\times 3} = [A]_{3\times 3} + [V]_{3\times 3} \tag{10-37}$$

则可得到

$$[K]_{3\times 3}(T)_{3\times 1} = (Q)_{3\times 1} \tag{10-38}$$

这里，$[K]_{3\times 3}$ 即内部单元刚度矩阵。

(2)边界单元。

由变分方程式(10-27)可知，边界单元变分式与内部的相比，只是多了一个线积分项

$$-\int_{jm} \lambda N_l r \frac{\partial T}{\partial n}\mathrm{d}S \tag{10-39}$$

而其单元刚度矩阵也包含了内部单元刚度矩阵 $[K]_{3\times3}$，因此只需要推导线积分项对其单元刚度矩阵的贡献。

在单元的边界 jm 上，采用简单的线性插值函数，即温度为

$$T = (1-g)T_j + gT_m \tag{10-40}$$

式中：g——参数，$0 \leqslant g \leqslant 1$。

边界各点为

$$r = (1-g)r_j + gr_m \tag{10-41}$$

jm 长度为

$$S_i = \sqrt{(Z_j - Z_m)^2 + (r_j - r_m)^2} = \sqrt{{b_i}^2 + {c_i}^2} \tag{10-42}$$

边界弧微分为

$$\mathrm{d}S = \mathrm{d}(S_i g) = S_i \mathrm{d}g \tag{10-43}$$

将第三类边界条件式(10-19)代入线积分项，得

$$-\int_{jm} \lambda N_l r \frac{\partial T}{\partial n}\mathrm{d}S = \int_{jm} N_l \alpha (T - T_F) r \mathrm{d}S \tag{10-44}$$

$$(l = j,\ m)$$

由于边界线积分项与节点 i 无关，显然有

$$\frac{\partial J^{\theta *}}{\partial T_i} = \int_{jm} N_l \alpha_r (T - T_F)\mathrm{d}S = 0 \tag{10-45}$$

而
$$\begin{aligned}\frac{\partial J^{\theta *}}{\partial T_j} &= \int_{jm} N_l \alpha_r (T - T_F)\mathrm{d}S \\ &= \int_0^l \alpha[(l-g)T_j + gT_m - T_F](l-g)[(l-g)r_j + r_m]S_i \mathrm{d}g \\ &= \alpha S_i\left[\frac{1}{4}\left(r_j + \frac{1}{3}r_m\right)T_j + \frac{1}{12}(r_j + r_m)T_m - \frac{1}{3}T_F\left(r_j + \frac{1}{2}r_m\right)\right]\end{aligned} \tag{10-46}$$

同理，可得

$$\frac{\partial J^{\theta *}}{\partial T_m} = \alpha S_i\left[\frac{1}{12}(r_j + r_m)T_j + \frac{1}{4}\left(\frac{1}{3}r_j + r_m\right)T_m - \frac{1}{3}T_F\left(\frac{1}{2}r_j + r_m\right)\right] \tag{10-47}$$

设矩阵 $[H]_{3\times3}$ 和右端向量 $(H_F)_{3\times1}$，则有

$$H_{jj} = \frac{1}{4}\alpha S_i(r_j + \frac{1}{3}r_m), \quad H_{jm} = \frac{1}{12}\alpha S_i(r_j + r_m)$$

$$H_{mj} = \frac{1}{12}\alpha S_i(r_j + r_m), \quad H_{mm} = \frac{1}{4}\alpha S_i(\frac{1}{3}r_j + r_m)$$

$$H_{li} = H_{il} = 0 \qquad (l = i, j, m) \tag{10-48}$$

右端向量为

$$H_{F_i} = 0$$

$$H_{F_j} = \frac{1}{3}\alpha S_i T_F(r_j + \frac{1}{2}r_m) \tag{10-49}$$

$$H_{F_m} = \frac{1}{3}\alpha S_i T_F(\frac{1}{2}r_j + r_m)$$

令

$$[K^*]_{3\times3} = [A]_{3\times3} - [V]_{3\times3} + [H]_{3\times3} \tag{10-50}$$

$$\{p\}_{3\times1} = \{Q\}_{3\times1} + \{H_F\}_{3\times1} \tag{10-51}$$

则得到

$$[K^*]_{3\times3}\{T\}_{3\times3} = \{p\}_{3\times1} \tag{10-52}$$

式中，$[K^*]_{3\times3}$ 为边界单元刚度矩阵。

10.3.4　总体刚度矩阵

求出每个单元的单元刚度矩阵后，要将其合成到总体刚度矩阵中。设第 e 个单元的节点为 i，j，m，它们所对应的总体节点序号为 a，b，c。在合成时，单元刚度矩阵 $[K]_{3\times3}$ 或 $[K*]_{3\times3}$ 将位于总体刚度矩阵的 a，b，c 行与列的交点上，如图 10.5 所示，这样将每个单元都加到总体刚度矩阵对应的位置上，就完成了总体刚度矩阵的合成。同样，右端向量 $\{p\}_{3\times1}$ 也合成到总体的右端向量上。这一过程可用公式表示为

$$\frac{\partial J}{\partial T_l} = \sum_e \frac{\partial J^e}{\partial T_l} = 0 \tag{10-53}$$

式中，对总体区域，$l = 1, 2, \cdots, n$；

对单元区域，$l = i, j, m$。

按上面的公式，可形成 n 阶线性方程组

$$[K]_{n\times n}\{T\}_{n\times l} = \{p\}_{n\times l} \tag{10-54}$$

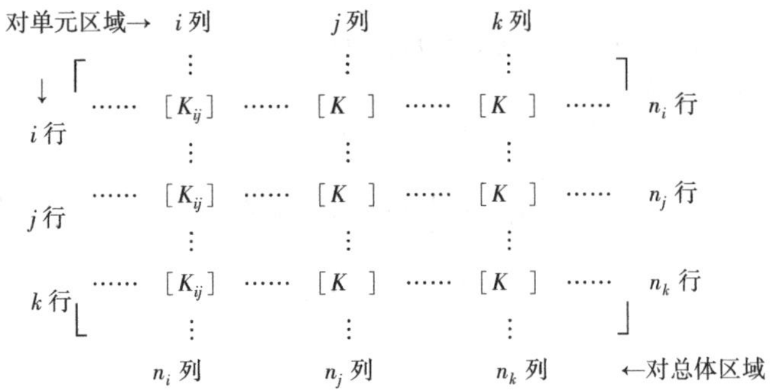

对单元区域→ i 列 j 列 k 列

$$
\begin{array}{l}
\downarrow \\
i\text{行} \\
\\
j\text{行} \\
\\
k\text{行}
\end{array}
\begin{bmatrix}
 & \vdots & & \vdots & & \vdots & \\
\cdots\cdots & [K_{ij}] & \cdots\cdots & [K\ \ ] & \cdots\cdots & [K\ \ ] & \cdots\cdots \\
 & \vdots & & \vdots & & \vdots & \\
\cdots\cdots & [K_{ij}] & \cdots\cdots & [K\ \ ] & \cdots\cdots & [K\ \ ] & \cdots\cdots \\
 & \vdots & & \vdots & & \vdots & \\
\cdots\cdots & [K_{ij}] & \cdots\cdots & [K\ \ ] & \cdots\cdots & [K\ \ ] & \cdots\cdots \\
 & \vdots & & \vdots & & \vdots &
\end{bmatrix}
\begin{array}{l}
\\
n_i\text{行} \\
\\
n_j\text{行} \\
\\
n_k\text{行} \\
\\
\end{array}
$$

n_i 列 n_j 列 n_k 列 ←对总体区域

图 10.5 总体刚度矩阵合成示意图

式中，$\{T\}_{n\times 1} = \{T_1, T_2, \cdots, T_n\}^{\mathrm{T}}$为节点温度列阵。

总体刚度矩阵和右端向量分别为

$$[K] = [A] + [V] + [H] \tag{10-55}$$

$$\{p\} = \{Q\} + \{H_F\} \tag{10-56}$$

这里，$[A]$反映质点静止时的导热影响；$[V]$反映质点轴向移动速度对导热的影响；$\{p\}$ 反映换热系数 α 对边界散热的影响；$\{Q\}$ 反映的是热源对温度场的影响；$\{H_F\}$ 反映边界散热时环境温度的影响。

式(10-54)为有限元法计算时的基本方程，它是由 n 个线性方程所组成的方程组，由它可求出 n 个节点温度值，从而得到拉伸件内部温度场。

本章参考文献

[1] Zhang Weigang, Luan Guifu, H Seiguchi. Study on wire temperature field and structure properties in dieless drawing[C]. Advanced Technology of Plasticity 1990. Proceedings of The 3rd International Conference on Technology of Plas-

ticity (ICTP), Japan, 1990, 557.

[2] Wang Z T, Luan G F, Bai G R. Study of the deformation velocity field and drawing force during dieless drawing of tube [J]. Journal of Materials Processing Technology, 1999(94): 73 - 77.

[3] 张天孙. 传热学[M]. 北京:中国电力出版社,2011.

[4] 赵志业,王国栋. 现代塑性加工力学[M]. 沈阳:东北工学院出版社,1986.

[5] 孔祥谦. 有限单元法在传热学中的应用. 北京: 科学出版社, 1998.

第 11 章　管材无模拉伸温度场

11.1　解析模型

无模拉伸管材温度场解析模型如图 11.1 所示。为了研究问题方便，将参考系统取在移动的冷热源上，并设感应线圈端面为坐标原点。解析时的假设条件如下。

(1) 材料的加热、冷却和变形是轴对称的；

(2) 材料是各向同性的，即热导率、比热容和密度等参数与温度无关；

(3) 变形产生的热量与加热吸收的热量相比很小，可以忽略；

(4) 径向变形速度对温度无影响。

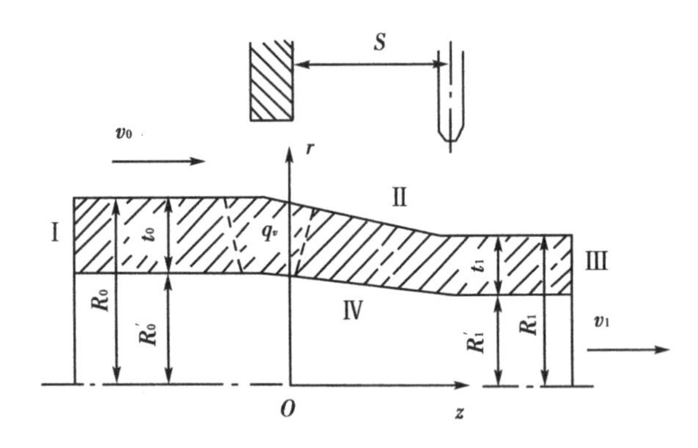

图 11.1　管材拉伸温度场解析模型

11.2　温度场热传导微分方程及边界条件

管材的无模拉伸温度场热传导微分方程的推导过程和形式与棒材的相同,即

$$\lambda \frac{\partial}{\partial r}\left(r \frac{\partial T}{\partial r}\right) + \lambda r \frac{\partial^2 T}{\partial z^2} + qvr - r \frac{\partial}{\partial z}(c\rho T v_z) = 0 \tag{11-1}$$

在如图 11.1 所示的解析模型中，左端边界Ⅰ为恒温边界；外表面边界Ⅱ受冷却气流影响为对流换热边界，且各点对流换热系数与距冷却喷嘴轴向距离有关；右端边界Ⅲ为由运动效应产生的热交换面；内壁Ⅳ为绝热表面。以上边界条件均可看成第三类边界条件，从而得到以下边界条件统一形式

$$-\lambda \frac{\partial T}{\partial n}\bigg|_B = \alpha(T - T_F) \tag{11-2}$$

其中，在边界Ⅰ上，$\alpha \to \infty$；在边界Ⅱ上，$\alpha = \alpha(S,z)$；在边界Ⅲ上，$\alpha = \xi c\rho v_z(T - T_F)$；在边界上Ⅳ上，$\alpha = 0$。

11.3　有限元计算方程

将如图 11.1 所示解析模型离散成 180 个节点和 280 个三角形单元，如图 11.2 所示。管材无模拉伸温度场有限元法计算的基本方程及推导过程均与棒材的相同，以矩阵的形式写出即

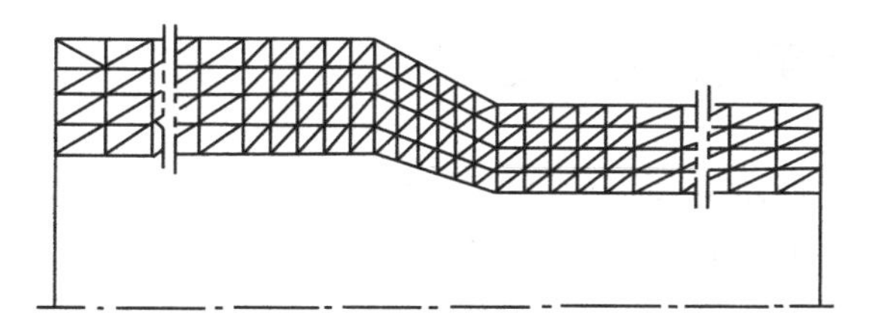

图 11.2　单元划分示意图

$$[A]\{T\}-[V]\{T\}+[H]\{T\}=\{H_F\}+\{Q\} \quad (11\text{-}3)$$

式中

$$[A]=\iint_D \lambda \begin{bmatrix} \frac{\partial}{\partial r}[N] \\ \frac{\partial}{\partial z}[N] \end{bmatrix}^{\mathrm{T}} \bullet \begin{bmatrix} \frac{\partial}{\partial r}[N] \\ \frac{\partial}{\partial z}[N] \end{bmatrix} r\mathrm{d}r\mathrm{d}z$$

$$[V]=\iint_D \left(\frac{\partial}{\partial z}[N]\right)^{\mathrm{T}}(c\rho \mathrm{v}_z[N])r\mathrm{d}r\mathrm{d}z$$

$$[H]=\oint \alpha\,[N]^{\mathrm{T}}[N]r\mathrm{d}s$$

$$\{Q\}=\iint_D [N]^{\mathrm{T}} qv r\mathrm{d}r\mathrm{d}z$$

$$\{H_F\}=\oint_B \alpha\,[N]^{\mathrm{T}}T_F r\mathrm{d}s$$

式中：λ ——热导率(导热系数)；

$[N]$——形函数矩阵；

$\{T\}$——节点温度阵列。

令

$$[K]=[A]-[V]+[H] \quad (11\text{-}4)$$

$$\{p\}=\{H_F\}+\{Q\} \quad (11\text{-}5)$$

则

$$[K]\{T\}=\{p\} \quad (11\text{-}6)$$

11.4 计算结果及讨论

图 11.3 所示为理论计算的管材拉伸温度场，图 11.4 ~ 图 11.6 为理论计算的轴向温度分布与实测值的比较。

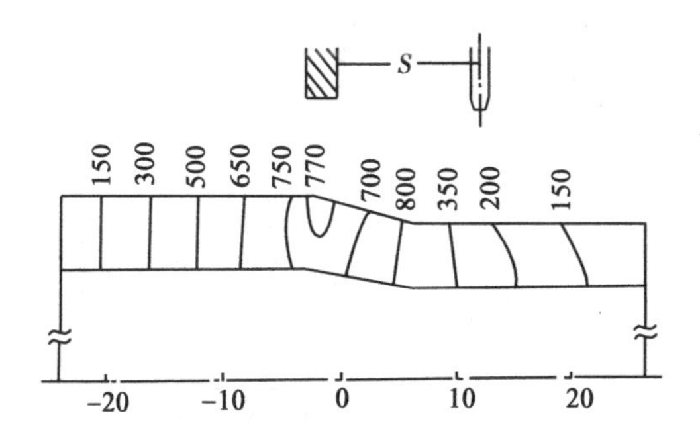

v_o = 50.00mm/min；R_s = 0%；S = 12.0mm；$D_o \times t_o$ = 14 × 2

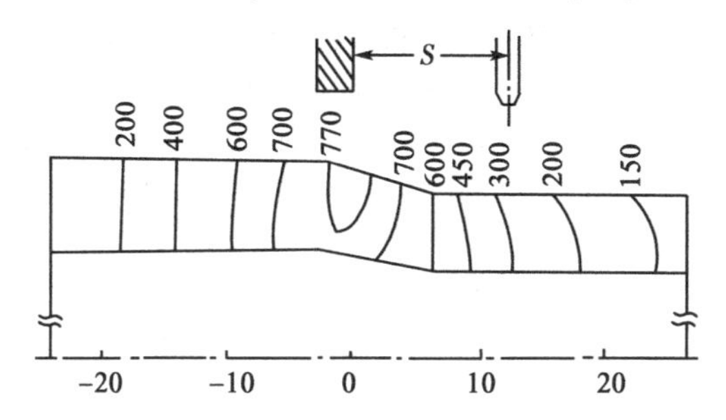

v_o = 50.00mm/min；R_s = 0%；S = 12.0mm；$D_o \times t_o$ = 14 × 3

图 11.3　理论计算的管材拉伸温度场

理论计算结果表明，随着冷热源移动速度的增加，管材的最高温度将从管壁内侧向外侧迁移；理论计算值一般位于实测的管材表面温度与内壁温度之间，较好地反映了管材壁厚上平均温度的轴向分布。计算结果还表明，随着冷热源移动速度的增加或感应线圈与冷却喷嘴间距的减小，拉伸温度下降；而变形程度对拉伸温度影响不大。这与实际情况符合较好。

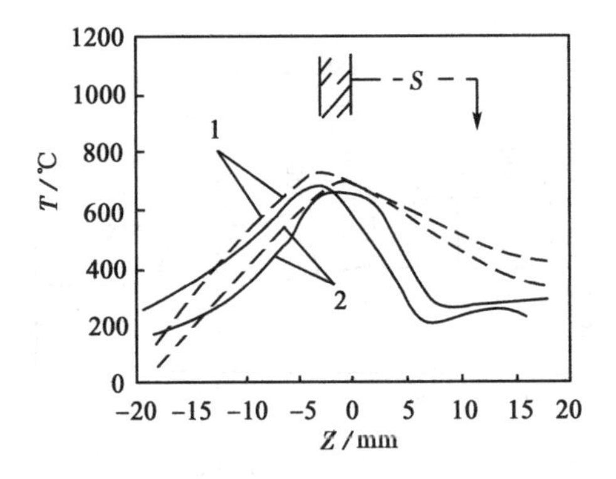

图 11.4 理论计算的管材轴向温度分布与实测值的比较（一）

1: $D_o \times t_o = 14 \times 3$, $v_o = 91.52$mm/min, $R_s = 0\%$, $S = 11.6$mm

2: $D_o \times t_o = 14 \times 2$, $v_o = 154.37$mm/min, $R_s = 0\%$, $S = 11.6$mm

——: 表面温度; - - - : 理论计算的径向平均温度

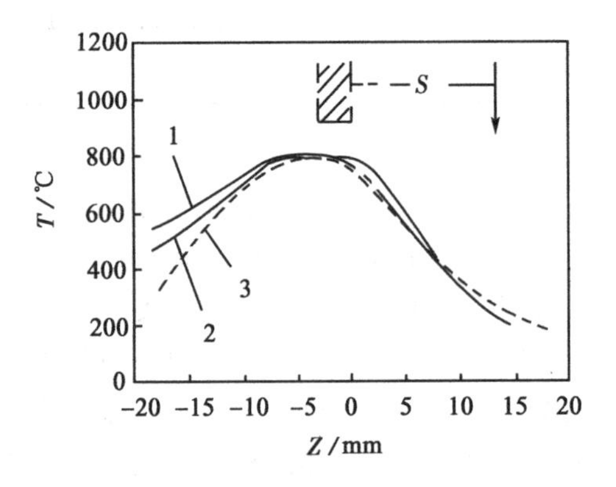

图 11.5 理论计算的管材轴向温度分布与实测值的比较（二）

$D_0 \times t_0 = 14 \times 2$; $v_0 = 24.95$mm/min; $R_s = 0\%$; $S = 13.3$ mm

1—实测的内壁温度；2—实测的表面温度；3—理论计算的径向平均温度

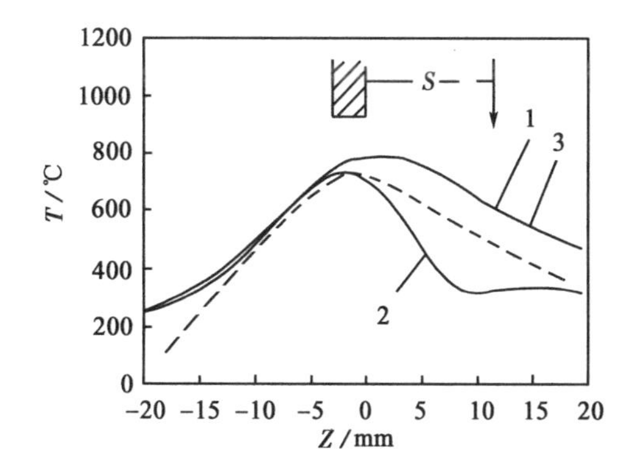

图 11.6　理论计算的管材轴向温度分布与实测值的比较（三）

$D_o \times t_o = 14 \times 3$；$v_o = 94.03$mm/min；$R_s = 0\%$；$S = 11.6$mm

1—实测的内壁温度；2—实测的表面温度；3—理论计算的径向平均温度

本章参考文献

[1]　张天孙. 传热学[M]. 北京:中国电力出版社,2011.
[2]　赵志业,王国栋. 现代塑性加工力学[M]. 沈阳:东北工学院出版社,1986.
[3]　孔祥谦. 有限单元法在传热学中的应用[M]. 北京: 科学出版社,1998.